公路隧道施工爆破及民房安全评价

Vibration Effect and Safety Appraisal of Buildings On Highway Tunnel Blasting Construction

魏道平　李又云　李　青　编著

人民交通出版社

内 容 提 要

本书内容以公路隧道施工爆破震动效应及其控制为线索，对爆破的基本原理以及对爆破地震波的特征与地震波的传播规律进行了分析，并介绍了爆破震动对民房的影响及控制措施；在数值分析方面，采用质点的垂直振动速度作为衡量爆破震动强度的标准，对竖向地震波作用下的建筑物的震动情况进行了模拟。此外，结合依托工程对光面爆破施工控制方案及安全保障措施进行了分析，并结合隧道震动效应的监测结果分析了爆破震动对地表建筑的影响。

本书可供隧道工程设计、施工、监测、管理、科研人员参考使用，也可作为相关专业研究生学习用书。

图书在版编目(CIP)数据

公路隧道施工爆破及民房安全评价 / 魏道平，李又云，李青编著. —北京：人民交通出版社，2012.8

ISBN 978-7-114-09998-4

Ⅰ. ①公… Ⅱ. ①魏… ②李… ③李… Ⅲ. ①公路隧道－隧道施工－爆破施工－安全评价 Ⅳ. ①U459.2

中国版本图书馆 CIP 数据核字(2012)第 189355 号

书　　名：公路隧道施工爆破及民房安全评价
著 作 者：魏道平　李又云　李　青
责任编辑：丁润铎
出版发行：人民交通出版社
地　　址：(100011)北京市朝阳区安定门外外馆斜街 3 号
网　　址：http://www.ccpress.com.cn
销售电话：(010)59757973
总 经 销：人民交通出版社发行部
经　　销：各地新华书店
印　　刷：北京市密东印刷有限公司
开　　本：787 × 1092　1/16
印　　张：10.25
字　　数：237 千
版　　次：2012 年 8 月　第 1 版
印　　次：2012 年 8 月　第 1 次印刷
书　　号：ISBN 978-7-114-09998-4
定　　价：30.00 元

《公路隧道施工爆破及民房安全评价》编写委员会

主　　编：魏道平　李又云　李　青

副 主 编：靳俊中　陈平祥　尹国辉

编写人员：魏道平　李又云　李　青

靳俊中　陈平祥　尹国辉

卢俊卿　吴德华　贺建辉

郑小艳

前　言

随着高速公路的迅速发展,公路隧道修筑的数量日益增加。在隧道实施爆破掘进过程中,常因爆破震动产生危害,引起周边建筑物、地基破坏,从而增加了工程成本,且造成民事纠纷,这不仅使施工难度加大,也影响了社会稳定。为此,如何保证爆破震动效应下的建筑物安全,已成为当前隧道工程和爆破工程界面临的一个重要问题。

目前,国内外已经积累了大量有关隧道爆破施工及震动效应分析与监测方面的研究文献,但至今还没有一本有关隧道爆破施工震动效应与监测方面的具有系统性、完整性与简明性的专著或教材。由于隧道建设的发展与需要,当工程技术人员面临类似问题时,往往需要查阅大量文献,耗费了大量的精力。本书就是编者们对于有关内容和方法的完整化和系统的总结。

爆破震动效应涵盖的内容比较广泛,它包括了爆破地震波特征及传播规律、爆破震动强度的预测、爆破震动安全评估、结构在爆破地震作用下的动力响应、爆破震动强度的影响因素及降震措施等方面。虽然目前有关隧道施工爆破震动效应及控制方面面临的新问题层出不穷,采用的对策和方法也日新月异,但因篇幅有限,在本书编写过程中,采用了“搭好结构、突出主题,着重思路,指明方向”的原则。本书不想代替,也无法代替已有的大量文献资料的重要作用,只想尽量为更好地利用与理解大量资料与创造新的资料提供必要的帮助。

本书内容以公路隧道施工爆破震动效应及其控制为线索,首先,对爆破的基本原理进行了分析;其次,对爆破地震波的特征与地震波的传播规律进行了分析;随后介绍了爆破震动对民房的影响及控制措施。在数值分析方面,模拟隧道掘进爆破地表震动数值研究一般有两种方法:一种方法就是采 ANSYS/LS - DYNA 来模拟炸药爆炸后地表的震动情况;另外一种方法就是采用目前国际上采用最普遍的是以质点垂直振动速度作为衡量爆破震动强度的标准,但这并不能全面反映爆破结构破坏的实质。为了分析简单、准确,本书采用在隧道掘进爆破地表震动数值模拟研究中就采用了的第二种方法。在此基础上,在进行隧道爆破引起的建筑物响应数值模拟中,对竖向地震波作用下的建筑物的震动情况进行了模拟。

隧道施工爆破主要采用光面爆破方法,本书对光面爆破的基本原理及其控制参数进行了主要介绍,并结合依托工程对光面爆破施工控制方案及安全保障措施进行了分析说明。震动效应的测试也是本书的主要内容,在此方面主要就测试的目的、所用仪器设备及其方案制订时应考虑的问题进行了分析。最后,结合依托工程北庄隧道震动效应的监测结果,分析了爆破震动对地表建筑的影响。

本书共分九章,其中第一、七、八章由河南省公路工程局集团有限公司魏道平、李青、卢俊卿编写;第二、三、四、九章由河南省公路工程局集团有限公司靳俊中、陈平祥、尹国辉、吴德华编写；第五、六章由长安大学李又云、贺建辉、郑小艳编写。在此基础上，由魏道平、李又云与李青对全书进行了仔细地校改与补充。

本书力求理论与实践相结合，从工程实践的需要出发，阐述研究成果，限于作者水平以及时间仓促，定有很多缺点和错误，敬请读者批评指正。

编　者

2012 年 5 月 16 日

目　录

1 绪 论

随着爆破技术的不断发展和完善以及城镇建设改革的需要,工程爆破的应用范围已由最初的采矿、修路发展到今天的城市大型建(构)筑物的拆除、基坑的开挖以及城区道路和机场的平整建设等。爆破的环境也由人烟稀少的荒郊野外转移到人口密集的城镇。工程爆破的应用极大地降低了人们的劳动强度,加快了建设速度,提高了工作效率。但是随着爆破技术的广泛应用,人们越来越关注爆破对周围环境和建筑物造成的影响,尤其是爆炸时产生的灰尘、震动等问题更加得到了重视。

炸药爆炸释放出来的能量以两种形式表现出来,一种是冲击波,另一种是爆炸气体。随着传播距离的增大,冲击波衰减为应力波和地震波,地震波引起的(近地表)地面震动称为地震动。当这种震动达到一定强度时,就会对爆区周围的建筑物造成一定的破坏。因此,很多爆破工作者正在进行不断地试验和研究,寻求有效地控制爆破震动的方法。

过去,人们一般采用质点峰值速度作为评价爆破震动对建(构)筑物造成破坏的唯一标准。因为爆破震动破坏程度与质点振速大小的相关性最好,而且用质点振动速度可以将地震波所携带的能量与所产生的地应力、在结构中所产生的动能与内力联系起来。大量的实践表明,质点振速越小,建筑物的破坏就越不明显,反之破坏就很严重。因此,可以认为用质点振动速度来衡量爆破震动效应是可行的。然而,这种评价标准却不能很好地解释工程实践中所出现的问题。譬如:在相同条件下,为什么距离爆源近的建筑物没有发生破坏,而远的结构却有损害的现象;对于同一建筑物,为什么有的地方受损,而有的地方保存完好。所有这些现象都无法用振速来解释。研究发现,爆破地震动的频率和持续时间与结构响应之间存在着很大的联系。因此,美国、德国等国家在制订爆破震动质点峰值速度安全标准时,就考虑了爆破震动频率和建筑物自身特点及自振频率的共同影响。

实际上,爆破地震波对周围建筑物产生影响的原因是多方面的,其中爆破震动这种激励因素本身就很复杂。爆破震动对结构的效应包括力效应和应变效应两类。力效应表现为地震波直接作用在结构上的拉力和压力,这类似于冲击波的超压和冲量直接对结构的作用。其作用方式是爆破应力波在传播当中碰撞到结构的基础上,并进入结构对之产生的效应。应变效应表现为由震动波引起的震动先传递到结构的基础上,再由基础传递到整个结构上,从而引起结构变形。

应变效应有两种情况:一种是结构中产生的应力仅只是由于运动的惯性力所作用;另一种情况就是结构当中产生的应力是由于惯性力和不同结构构件在震动波作用下产生相对位移的力的共同作用。因此,结构对地震波的响应除受到爆破震动大小的影响之外,还要受到震动波的入射方向、震动波波速、传播介质的特性、结构的基础尺寸与形状以及地震波的持续时间等的影响。

因此，为了搞清楚建筑物对爆破地震波的响应特点，我们在进行结构响应分析时，除了要考虑质点振动速度、振动频率以及延期时间等爆破震动的因素外，还得考虑传播介质与结构本身的特性，联合诸多因素进行全方位讨论。研究爆破地震波对周围建筑物的影响主要分析两方面内容：一方面是爆破地震波的特性及传播过程；另一方面就是不同特性的建筑物对地震波的响应情况。前者由很多学者已经做了大量工作；而后者最近才为大家所关注，所以很多理论都不够成熟，有待进一步研究。

1.1 爆破地震波的相关研究及现状

炸药爆炸时释放的一部分能量会转化为地震波，而地震波在传播过程中会对附近的建筑物构成影响，危及到了公众的利益，因此需要对这种爆破危害给予充分的重视和研究。人们对爆破地震波的研究已经有 70 多年的历史，主要集中于爆破地震波参数和波形的研究上，分述如下。

1）爆破地震波参数的试验性研究

国外第一个爆破地震动规律是 1950 年由 Morris 提出的，该经验公式考虑了装药量、测点与爆区的距离以及爆破场地的特征参数，以质点最大振幅作为爆破安全的评价标准。该经验公式的出现为后来的评判标准提供了理论研究方向。

1967 年 Leocnt 对 Morris 的公式进行了修正，用质点最大振速代替质点最大振幅来评价爆破对周围建筑物等的影响程度。接下来的几年里，Ambrasyes、Hendorn 以及 Dowding 引入了比例距离一项，通过研究也得到了同样的结果，并对经验公式进行了修正。该公式在爆破领域中得到了广泛的应用。其他的研究学者如 Shoop 和 Daemen（1963），Ateweel（1965）等以及 Homberg 和 Persson（1978）没有把装药考虑成对称形式，而且提出的公式中的很多因子都是经验系数，因此这些公式需要大量爆破数据进行回归才能保证其准确性。1977 年 Lundborg 在分析美国矿业局的实验数据的基础上得出了新的理论公式。1980 年 Just 和 Free 较以前的学者充分考虑了波的特点，假设体波占主导地位，并以发散波的形式存在，为研究提供了新的方向。1983 年 Ghost. A. 和 Daemne. J. K. 则对爆破地震波在传播过程中的各阶段的波分别进行了讨论，使地震波在爆破领域的研究有了明显的进展。Ghosh 和 Demen 于 1985 年建议将统计学的相关原理引入质点峰值的研究中，利用回归分析等一系列方法拟合出最优的经验公式。除了对质点峰值进行研究外，前苏联学者研究结果表明，振动持续时间与起爆药量之间的关系并不明显，而与测试距离存在一定的关系。

国内在爆破地震波研究方面要比国外晚，但是也取得了一定的成绩。在经验公式的研究方面，由于区域性地质的问题，各个地方的差异较大。工程上一般采用萨道夫斯基公式。韩子荣的研究发，现结构物在爆破地震作用下，破坏程度与爆破地震引起的地面质点振动速度成正比，与频率比（即地面振动频率与结构自振频率之比）的常用对数成反比，以此为根据引进折合速度的概念得出长沙矿冶院公式。

上述的研究工作都是基于经验的研究，由于爆破工程的复杂性以及特殊性，很多经验公式不能得到广泛的应用，而且所研究的参数单一，不能很准确地对地震波进行描述，因此很多学者在努力寻找新的途径解决经验公式的局限性。

2)爆破地震波波形的研究

由于经验公式很难准确地说明爆破工程实践中所遇到的一些问题,因此很多的学者和专家开始把目光投向爆破地震波波形的研究中来,试图通过波形来说明问题。

爆破产生的振动波形的调制是振动波形线性叠加的基础,Fisher B. G. 在 1951 就发现了毫秒延期爆破试验产生相消干涉的现象。而后 Frnati(1963)、Pollack(1963)和 Granhalgh(1980)进一步研究了延期时间对地面振动频率的影响。在 Grnahalhg 的研究中发现爆破延期间隔对震动频率的影响在 170km 处的波形图上仍可以看到。Anderson D. AE 等(1982)提出了一种通过改变爆破设计来改善爆破产生的地面震动频率输出的方法。该方法就是通过优化爆破延期的时间序列从而改善爆破震动。Anderson D. AE 等(1985)第一次提出了用单孔波形来预测多孔爆破震动波形的方法,叫灰度法(Fourmap)。该法以实测单个药包振动波形为基础,采用线性叠加原理,然后作图。图中横坐标为频率,纵坐标为孔与孔或段与段的延期时间,以不同频率对应叠加幅值大小用点的颜色深浅来表示,根据图案的深浅程度来挑选合适的延时时间。这种深浅也就相当于波的相消或相长干涉。这种预测的可靠程度受单孔装药爆破波形的重复性和雷管延期时间精度影响较大。1985 年 Anderson D. AE 等总结了前人在爆破震动方面的工作,系统的阐述了线性叠加预报模型的三点基本假设,并根据此假设用灰度法对高精度雷管的多孔爆破振动波形叠加进行了预报和分析,取得了与实测波形频率相一致的结果。1988 年德国的 Mans G. H. 等在线性叠加模型的基础上提出了震动预报的混合法,该方法通过以单孔爆破试验实测振动波形与根据孔网参数计算的爆源脉冲序列进行卷积得到混合模型的预测波形来进行预报。由于实际工程当中钻孔误差、装药量误差以及其他的随机因素都使得每个炮孔的波形不可能一样,因此 Blair(1993)描述了延时误差和空间随机偏差的综合影响。

国内的爆破工作者也进行了大量模拟研究工作。刘军等通过建立综合模型获得预测结构地基的振动波形,吴从师等用灰度图对单排两孔、单排三孔的爆破震动进行了模拟。但这些研究与真实的大型爆破所形成的地震波还是存在很多不同之处。

由于爆破地震波振动波形的模拟对雷管的延时、钻孔质量和堵塞等爆破条件要求很高,其精度受到了一定的限制,而在我国各方面的硬件还赶不上国外,因此这种模拟和预测受到了很大的限制。随着计算机软硬件的不断升级,计算机模拟波形的准确度将会得到很大的提高。

3)爆破地震波传播规律研究

炸药在岩体中爆炸时,仅一小部分能量用于破碎岩体,大部分能量转化为空气冲击波、噪声、抛掷破碎岩体及引起炸药周围岩体的振动。爆炸引起的岩体振动以波动形式向外传播。通常认为:在爆炸近区(药包半径的 2 ~3 倍)传播的为冲击波,在中区(药包半径的15 ~150 倍)为应力波,应力波经过一定距离的传播便衰减成为地震波。早期人们主要是借助于弹性波理论对爆破地震波的产生和传播进行研究,J. Henryhc 在 1979 年出版的《THE DYNAMIC OF EXPLOSION AND IT'S USE》一书中对前人的研究成果作了较为详细的论述,认为爆破地震波和天然地震波一样,包含在介质内部传播的体波和沿地面传播的面波。体波又可分为纵波和横波。纵波是由震源向外传播的压缩波或稀疏波,在传播过程中能使介质产生压缩和拉伸变形;横波是由震源向外传播的剪切波,在传播过程中能使介质产生剪切变形。面波则主要包含瑞利波和乐夫波。不同类型的地震波传播速度不同,压缩波传播速度最快,剪切波次之,瑞利波最慢。从远距离处所采集到的爆破地震波波形图中,可以明显地看到不同类型的爆破地震波分离,但在近距离内,三种波几乎同时到达,很难分辨。

爆破地震波在传播过程中会由于介质阻尼作用而产生衰减,主要表现为随距离的增大,振幅变小,持时变短。最初研究爆破地震波传播过程中的衰减机制,是以完全弹性体中应力波的衰减理论为基础的。在完全弹性体中,若已知爆源的具体参数,通过在岩体界面上的边界条件,从理论上可以预测炸药爆炸引起的应力波场,并可以推导应力波经界面反射后形成的体波波形和面波弥散。但是实际观测的结果与理论预测值之间存在着极大的差异,主要原因在于传统的完全弹性体中应力波的衰减理论是在若干假设的条件下发展起来的,其中一个重要的假设就是波在介质内的传播过程中无能量损耗,振幅衰减只包含因几何扩散及界面的反射所引起的衰减。实际上传播介质并不是完全的弹性体,由于介质的各种非弹性性质,会引起应力波在传播过程中的能量损失,从而造成物理衰减。在地震学研究领域,这种物理衰减早就引起了人们极大的关注。1845 年,Stokes 提出波传播过程中的物理衰减是由于介质的黏滞引起的内摩擦能量损耗,并给出了根据传统波动方程修改后的考虑内摩擦能量损失的斯托克斯波动方程。Mindlni、Duyffnad Mindlni、Waslh,Mvakonad Nur 等人认为岩体中应力波的物理衰减是由岩石颗粒间相对滑动产生摩擦引起的,因而他们把这种衰减称之为固体摩擦衰减。如应力波通过岩体节理裂隙面时,由于接触面岩体间的滑动而引起衰减,这时,用该假设解释这个结果会有一定成效。Mason 等人证明,在不完全的多晶体的岩石里的位错运动,也可能产生内部摩擦,从而造成岩体应力波的物理衰减。Svagae、Annstorng 等人指出,岩体热弹性效应也能使应力波产生衰减,并且衰减量可以由测量得到。由于岩体从本质上说是固相、液相和气相组成的三相体,Boit、White、Plona 和 Dutta 等人认为孔隙岩层的固体骨架与孔隙空间内黏滞流体之间相对运动必然引起应力波幅的衰减,当流体运动时损耗衰减更大。上述四种衰减机制认为应力波物理衰减是由于岩石颗粒间相对滑动、岩石晶体的不完全性引起晶体间错位、岩性热弹性效应和孔隙中的流体运动所致,在特定的环境下可能同时起作用,也可能是某一两种机制起作用。故即使在理想的情况下,亦很难在所有提出的机制中作出选择。事实上,也不能期望用一种机制就能描述各种岩体中爆破地震波的物理衰减。

国内学者对爆破产生的地震波的传播研究主要是围绕应力波在节理裂隙岩体中的传播进行的。中国科学院力学研究所尚嘉兰、郭汉彦,南京工程兵学院钱七虎、王明洋等人结合实际地质特点,根据断层与节理裂隙带的几何关系,运用平面弹性波在无限弹性介质中传播斜入射于无限平面界面理论,考虑到垂直位移、应力连续以及界面两边的剪力分别等于各自的正应力与摩擦系数之积的边界条件,分析并探讨了贯穿平面闭裂缝在压力小于数千帕范围内,应力波通过节理裂隙带的衰减规律、波的走时和上升时间,给出了不同摩擦角情况下的纵波和横波斜射入单一裂缝的反射系数和透射系数之间的关系。结果表明,在泊松比和摩擦角所确定的入射角范围之内,节理裂隙影响波的传播。李夕兵研究了岩体软弱节理面(构造节理面黏结力很小或几乎无黏结力)对应力波传播的不同影响,得出爆炸应力波斜入射到能滑移、有摩擦的软弱节理面时,波势、应力和能流的透反射关系和一些计算结果。张奇对应力波垂直于节理入射时的传递过程进行了分析,认为应力波垂直节理面传播时,其应力衰减与节理和两侧介质的物理力学性质的匹配有关。此外,张奇还研究了高强度节理面和光滑节理面对应力波传播的不同影响,其试验结果表明:如果节理面的强度足够高时,在应力波作用下则不会滑动,同时节理面厚度小时则具有良好的波传播特性;光滑节理面处有反射波和透射波,透射波由于节理面,存在滑动变小,在入射角 70°~80°的范围内,透射纵波位移幅值达到最小,只有入射纵波位移幅值的 60%。

1.2 爆破震动危害评价标准研究

上述我们对爆破地震波的参数以及波形进行了研究,目的是为了能更准确地预报爆破地震动对结构物的影响程度。过去我们一直都将质点振速作为评价爆破震动危害的唯一标准,但是经过这些年的实践与研究我们发现,爆破地震波的频率也是一个非常重要的影响因素。美国矿业局、瑞典和加拿大的相关人员研究发现,在造成结构物实际损坏的情况中 97% 以上是与 7.1cm/s 或更高的地表震动有关。也有迹象表明,地面振动速度为 1.37cm/s 时,有 50% 的概率引起较小的破坏。结构物的允许振动值主要取决于其本身的质量、结构及场地的工程地质条件。为此,引进了频率这一参数,根据不同的情况,国际标准化组织(150)负责制定了统一的标准。但由于问题的复杂性,针对不同的振动源,有不同的标准。新加坡学者通过软件分析得出仅用质点峰值速度作为唯一评价标准是不准确的,还需要考虑结构类型、地质特点等。

很多国内学者在这方面做了大量卓有成效的工作,在爆破研究工作中取得了很大的进展。李孝林等对爆破震动测试结果的分析表明,频率在爆破震害中起重要作用,因而在建筑物爆破震动安全评价中应同时考虑振动幅值和频率两个指标。其研究中分析了爆炸能量、起爆段数、距离以及传播介质对爆破振动频率的影响,通过对爆破振动频率影响因素的分析得知,在爆破震动测试结果的分析中,应充分注意到爆破条件和测试条件的变化。叶海旺等从爆破振速和爆破振动频率两方面介绍了爆破地震对结构的影响以及非爆破因素对结构的影响,并围绕这些进行各项研究和试验。黄文华等针对现有的爆破地震危害判据的不足,利用小波变换将爆破地震信号在时域、频域上展开,根据不同频带的地震波对结构的危害程度取加权系数,将地震波信号在各个频带上的主震相的能量按加权系数合成,提出了用合成后的能量值作为爆破地震危害程度的判据,并结合某核电站的爆破震动监测数据对该判据进行了分析和讨论。该判据综合考虑了爆破地震引起的质点振动速度、振动持续时间、振动频率三种造成爆破地震危害的主要因素。与仅用单一的振动速度峰值作为判据相比,该判据显得更加科学。娄建武、龙源采用传统的频谱分析方法和小波多分辨分析技术,对几种典型的爆破振动信号进行了分析,并将爆破振动信号与其他振动信号在 $j=1\sim6$ 尺度上进行了小波分解后的对比研究。通过本文有针对性的分析,发现距爆源较远的振动信号在 $j=6$ 尺度下的小波变换分量具有初始振动向上的特征,同时信号能量也主要集中在这一尺度下的小波分解分量上,而距爆源较近的振动信号能量主要集中在 $j=4$ 尺度上。这些方法让我们在理论上更加清楚了爆破地震波的特征,便于更好的研究。

随着国外爆破安全标准的改变,我国的爆破界通过不断地总结和摸索,前不久发布了新的城市爆破安全规程,安全允许标准见表 1-2-1。

爆破震动安全允许标准规范　　表1-2-1

序号	保护对象类别	安全允许振速(cm/s)		
		<10Hz	10~50Hz	50~100Hz
1	土窑洞、土坯房、毛石房屋①	0.5~1.0	0.7~1.2	1.1~1.5
2	一般砖房、非抗震的大型砌块建筑物①	2.0~2.5	2.3~2.8	2.7~3.0
3	钢筋混凝土结构房屋①	3.0~4.0	3.5~4.5	4.2~5.0
4	一般古建筑与古迹②	0.1~0.3	0.2~0.4	0.3~0.5
5	水工隧道③	7~15		
6	交通隧道③	10~20		
7	矿山巷道③	15~30		
8	水电站及发电厂中心控制室设备	0.5		
9	新浇大体积混凝土④ 龄期:初凝~3d 龄期:3~7d 龄期:7~28d	 2.0~3.0 3.0~7.0 7.0~12		

注:1. 表列频率为主振频率,系指最大振幅所对应波的频率;

2. 频率范围可根据类似工程或现场实测波形选取。选取频率时亦可参考下列数据:洞室爆破<20Hz;深孔爆破10~60Hz;浅孔爆破40~100Hz

①选取建筑物安全允许振速时,应综合考虑建筑物的重要性、建筑质量、新旧程度、自振频率、地基条件等因素;

②省级以上(含省级)重点保护古建筑与古迹的安全允许振速,应经专家论证选取,并报相应文物管理部门批准;

③选取隧道、巷道安全允许振速时,应综合考虑构筑物的重要性、围岩状况、断面大小、爆源方向、地震振动频率等因素;

④非挡水新浇大体积混凝土的安全允许振速,可按本表给出的上限值选取

新规程涵盖的内容更多,涉及的面更广,特别是第一次将频率引入规程中作为评价爆破危害的参数之一,使评价标准更科学化、合理化。尽管如此,我们仍发现爆破地震波的持续时间这一个很重要的参数仍然没有被重视,而持续时间对建筑物的影响我们还无法弄清楚,这需要我们做进一步努力探讨。

1.3 建筑物对爆破震动的响应研究

工程爆破时地震波在地质材料中的传播及对地下结构的作用,往往引起结构不同程度的损伤。这种消极效应如不加以有效地控制,往往会带来安全隐患,因此研究爆破引起的爆破地震波对建筑结构的影响,具有重要的现实意义。国外主要通过爆破地震烈度法来评价地震波对建筑物的影响。这种方法是以宏观震害为依据,将单一参数法同动力法的反应谱分析相结合,沿用天然地震中的震动烈度的概念形成的。其中有代表性的是前苏联学者采用的周期从0.15~0.80s范围内反应谱平均值的谱烈度。这种方法考虑了结构的自振特

性和地震波谱特性等因素,比单一参数法前进了一步。但是从爆破地震反应谱曲线的特性来看,由于频谱范围很宽,且衰减较快,采用平均值必然会带来较大的误差,所以这种方法也是一种粗略的方法。

H. Dowdnlin 将地震和核爆炸对结构的影响分析应用到爆破震动的研究当中来,对地上的结构以单自由度模型为基础,并以反应谱作为建立规范的频率依据。C. B·麦德维捷夫于 1967 年提出了一个爆破地震烈度表,它将不同的谱烈度与爆破震动的破坏特征联系起来,建立了 12 级的爆破震动烈度表。这种用爆破地震烈度表的方法是从地震烈度表的宏观概念中移植过来而制定的,因此存在着一些问题和缺点,与真实的爆破地震波的破坏作用还存在一定的差异。R. P. Dhakal 通过对一个两层楼的爆破震动研究发现,建筑物的振动响应最大值发生在振动冲击停止后,即自由振动时段;并且在振动发生时,建筑物在高频振动作用下的响应小,加速度较大,当振动结束后,建筑物在低频振动的作用下响应较大,加速度却很小。

在国内,爆破界和建筑界的专家为了尽量减小爆破地震波所造成的危害,通过不断研究,已经掌握了不少关于测试建筑物对地震波响应的理论和方法,大致有以下几种:

1)试验测试方法

试验测试方法是指用试验的方法,实地测量结构在爆破作用下的动力响应。由于影响爆破地震波的因素复杂以及爆破震动模型相似规律还不成熟,因此很难在试验室内采用模型试验方法确定结构动力响应,主要还是利用实际的工程爆破条件,对爆区附近的建筑物进行结构动力响应的测试。爆破地震作用时结构的动力响应主要包括结构的振动应力、位移和加速度响应,一般采用电测法。

2)动力分析法

如果干扰力的函数是非周期函数且比较复杂,则不可能用解析的方法求出解答。这时不得不求助于数值解,像爆破地震产生的地面运动,是一种随机过程,根本不可能用任何定函数描述,因此数值积分法是一个有效的方法。现在已有的直接积分方法很多,主要有线性加速度法、Willson $-\theta$ 法、Nemwakr $-\beta$ 法等。除线性加速度法外,其他几种方法都是无限稳定的。由于 Willson $-\theta$ 法实质上是线性加速度方法的一个改进的方法,它提高了线性加速度方法的稳定性,所以现在一般采用 Willson $-\theta$ 法。

3)反应谱法

反应谱是指用一个阻尼谐和振动子(单自由度体系)来模拟真实建筑物,然后考察此振动子在承受地震(或爆炸)引起的振动反应(加速度、速度、位移)特性。我们把实际测量到的地面加速度波形图作为确定反应谱的输入,对于某一个自振频率—阻尼的组合情况求出对于地面加速度曲线的最大反应。这一最大反应就是反应谱曲线的一个点。因此,反应谱的定义是单自由度体系(振动子)对于给定的地面激励,考虑阻尼时的最大反应(加速度、速度、位移)与系统的自振频率(或周期)的关系曲线。但是,反应谱应用在工程中还必须满足三个基本假定:

(1)结构地基相当于刚性平面,各点的运动完全一致;

(2)地面运动过程中可以用强地震观测仪记录来表示;

(3)结构处于线弹性状态。

我们知道，在地震工程界目前是利用地震反应谱理论确定地震荷载，从而进行结构抗震设计及安全评定。地震反应谱曲线综合考虑了地面质点加速度特征及结构物的固有特性。实践证明，利用地震反应谱进行结构的抗震设计或分析已建成的结构物的安全性是可靠的，且非常简便。地震反应谱理论在地震工程界已是很成熟的理论。爆破地震波与天然地震波有很多相似之处，如两者均因能量释放，以地震波的形式从爆心向外传播，引起大地震动，从而造成建(构)筑物的破坏；两者的地震强度均明显地随爆源能量增大而增强，随距震源的距离增大而变弱；两者的地震波参数都受地质、地形等因素的影响，而且爆破地震动现象满足反应谱的三个基本假定。所以，可以将天然地震效应方面的研究移植应用于爆破地震效应的研究。但是，爆破地震测量资料中质点振动速度占有很大的比例，因为测量振动速度相对于测量振动加速度来说更简单、更精确。因此，除采用加速度反应谱外，建立速度反应谱也是重要途径之一。速度与能量有关，地震波与地应力有关，由此和结构中产生的动能及内应力建立联系，同样可以分析结构的受力状况。

4)有限元分析法(ANSYS)

ANSYS 软件有 GUI 图形用户界面，智能化菜单引导、帮助等，为用户提供了强大的实体建模及网格划分工具，将直接建模与实体建模相结合，可对各种物理量进行分析。结构分析中可进行线性、非线性结构静力分析，结构动力分析(包括模态、谐波响应、瞬态动力响应、谐振动、随机振动等分析)，几何、材料、边界和单元非线性分析，断裂力学分析，复合材料分析，疲劳及寿命估算分析等，将前、后处理及求解阶段紧密结合，可以进行计算结果的彩色等值显示、梯度显示、矢量显示、变形显示及各种动画显示等。

ANSYS 软件相对反应谱来说又先进了一步，其计算结果更加数值化，能更为准确地表述结构的动力响应程度。分析方法一般包括建立有线元模型、进行模态分析、扩展模型、获得谱分析的解、合并模型以及查看结果。在分析过程中需要输入参数以及进行参数的选择，分析计算完毕后通过彩色等值以及梯度图形来显示结果。从图中以及其中的数值我们很容易判断结构的动力响应状况。

5)波动理论分析

波动法是直接应用应力波理论，将地震波直接输入到建筑物的基础并传入建筑物中各个构件上，来考察地震波对建筑物产生的各种效应(产生拉压应力、应变和破坏等)。在运用波动理论求解结构的动力响应时，我们一般就不同的系统分别进行讨论。在封闭系统中，通过结构上给定的力和位移边界条件，运用模态叠加法和傅立叶反变换可以求出结构的动力响应；而在开放系统中，除了要考虑动载直接作用在广义结构上外，还要考虑来自地基无限域中的入射波。无限域中的波动可能具有非线性，但是在大多数工程中的波动问题而言，可以合理地采用线性假定。现行的波动理论分析方法也是在此基础上进行求解的。运用波动法分析结构的动力响应实质上是重演了地震波(应力波)在结构中传播过程，是对建筑物地震波动力响应过程的真实写照。例如，爆炸地震波在建筑物的下层土中传播，碰撞在建筑物的基础上，并进入建筑物各个部分，如墙、柱、梁、板等，地震波就在建筑物的自由表面以及窗、门或其他开口处反射、折射和绕射，于是在建筑物的窗、门或其他开口拐角处形成拉伸波而引起建筑物的破坏。显然，这种分析方法很复杂，所以至今还没有得到广泛应用。但这种方法具有普适性，它既适用于线性结构，也适用于非线性结构。

2　岩体爆破理论及光面爆破

爆破理论研究炸药爆炸与爆破对象(目标)相互作用的规律。在隧道掘进过程中,爆破是应用最广泛、最频繁的一种破碎岩体的有效手段。研究炸药爆破作用下岩体的破碎机理,是一项长期而重要的课题。几百年来,世界各国众多学者通过长期的生产实践和经验总结对爆破过程中的岩体内发生的各种现象(如应力、应变、破裂、飞散等)进行了探索。

对爆破理论,不同学者先后提出了各种各样的假说或理论,例如,最初提出了克服岩石重力和摩擦力的破坏假说,之后又相继提出了自由面与最小抵抗线原理,爆破流体力学理论,最大压应力、剪应力、拉应力强度理论,冲击波、应力波作用理论,反射波拉伸作用理论,爆生气体膨胀推力作用理论,爆生气体准静楔压作用理论,应力波与爆生气体共同作用理论,能量强度理论,功能平衡理论,利文斯顿(Livingston)爆破漏斗理论和爆破断裂力学等理论。

目前,在爆破界一致比较倾向的是"爆炸冲击波、应力波与爆生气体共同作用"理论,而且开始以爆体为非连续性非均匀性介质进行研究,从而能提高理论研究的深度,使理论结果比较接近实际。

2.1　炸药在固体介质中爆炸的破坏现象

2.1.1　炸药在无限介质中爆炸的破坏现象

药包中心距固体介质自由表面的最短距离称为最小抵抗线,常用 W 来表示。对一定量的炸药来说,若其 W 超过某一临界值 W_C,即 $W > W_C$,则当炸药爆炸后,在自由表面上不会看到爆破的迹象,也就是说炸药的破坏作用仅限于固体介质内部,未能到达自由面。此种情况可视为炸药在无限介质中爆炸。

大量爆破实践和试验表明,当炸药在无限介质中爆炸时,除药包附近形成扩大的空腔(即压缩区,在土介质和软岩中最为明显)外,还从药包中心向外依次形成压碎区、裂隙区(亦称破坏区)和震动区(见图2-1-1)。

在压碎区内,岩石被强烈粉碎并产生较大的塑性变形,形成一系列与径向方向成45°的滑移面。

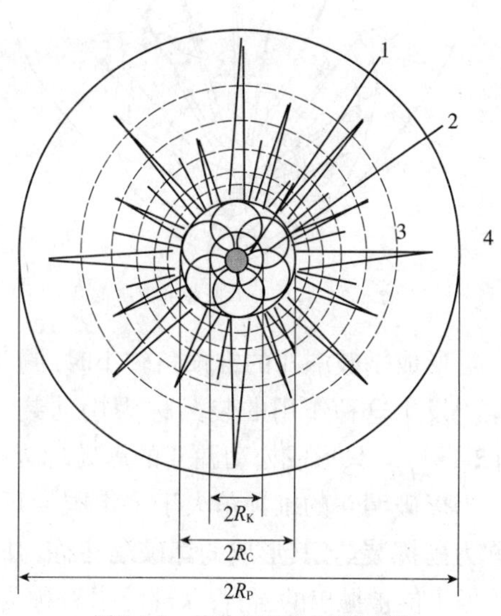

图2-1-1　炸药在无限介质中爆炸

R_K-空腔半径;R_C-压碎区半径;R_P-裂隙区半径

1-扩大空腔(压缩区);2-压碎区;3-裂隙区;4-震动区

在裂隙区内，岩石本身结构没有发生变化，但形成辐射状的径向裂隙，有时在径向裂隙之间还会形成有环状的切向裂隙。

震动动区内的岩石没有任何破坏，只发生震动，其强度随距爆炸中心的距离增大而逐渐减弱，直至完全消失。

在工程中，利用爆炸空腔（压缩区）和压碎区，可以开设药壶药洞、构筑压缩爆破工事、构筑建筑物的爆扩桩基础以及埋设电杆的基坑等；利用破坏区，可以松散岩石、硬土和冻土，在石井中爆破扩大涌水量等；利用震动区，可以勘查地层结构、监测预报爆破震动对周围环境的影响程度等。

2.1.2 装药在半无限介质中爆炸的破坏现象

如果 $W < W_C$，此种情况视为装药在半无限介质中爆炸。装药爆炸后，除在装药下方固体介质内形成压碎区、裂隙区和震动区外（假定介质自由表面在装药上方且为水平的），装药上方一部分岩石将被破碎，脱离原介质，形成爆破漏斗（图 2-1-2）。单位质量（1kg）炸药爆破形成的漏斗体积 V_u 与装药的埋置深度系数 Δ 有关（$\Delta = W/W_C$）。当 $\Delta = 1$ 即 $W = W_C$ 时，$V_u = 0$；在这种情况下，爆破作用只限于岩体内部，不能到达自由表面；当 $\Delta < 1$ 时，形成爆破漏斗，其锥顶角和体积随 Δ 减小而不断增大。当 Δ 值减小到一定值时，V_u 达到最大，这时的最小抵抗线 W_0 称为最优抵抗线，$\Delta_0 = W_0/W_C$ 称为最优埋置系数。若继续减小 Δ 值，漏斗锥顶角虽能继续增大（不可能无限增大，只能增大到一定限度），V_u 值却反而减小（图 2-1-3）；当 $\Delta = 0$ 即 $W = 0$ 时，虽仍可以形成爆破漏斗，但其体积很小。这种置于岩石表面的装药称为裸露装药，俗称糊炮。

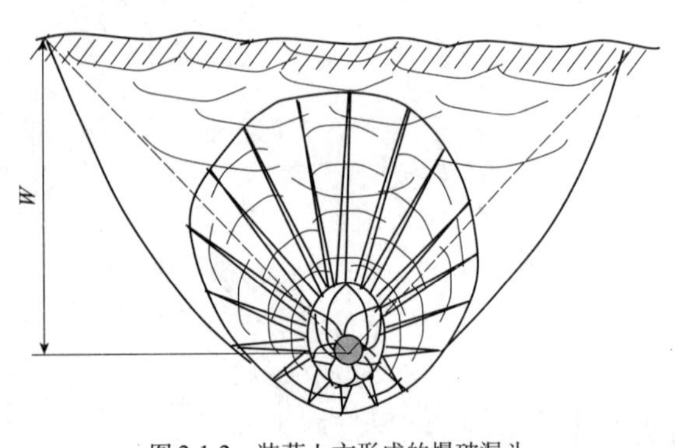

图 2-1-2 装药上方形成的爆破漏斗

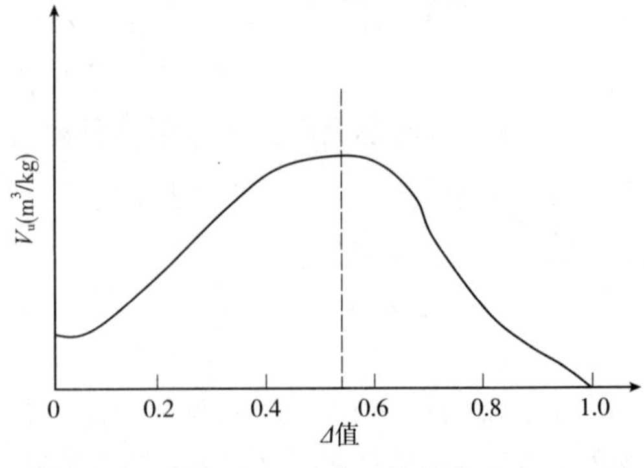

图 2-1-3 V_u 与 Δ 之关系

当形成爆破漏斗的锥顶角较小时，漏斗内破碎的岩石只发生隆起，没有大量岩石的抛掷现象。发生这种作用的装药称为松动装药，其形成的爆破漏斗称为破碎漏斗或松动漏斗（图 2-1-4）。只形成松动漏斗的爆破称为松动爆破。

当爆破漏斗的锥顶角大于一定限度后，破碎的岩石将被抛出漏斗。发生这种作用的装药称为抛掷装药，其形成的爆破漏斗称为抛掷漏斗。在抛掷漏斗周围，通常还保留有部分已破碎但未能被抛出的岩石，这部分岩石称为松动锥。它属于松动漏斗内保留下来的部分。抛掷过程结束后，一部分岩石会回落到抛掷漏斗内。此外，堆积在漏斗周围的一部分岩石也会滑落到漏斗内。在自由面上能看到的爆破漏斗称为可见漏斗，其深度称为可见深度 P（图 2-1-5）。

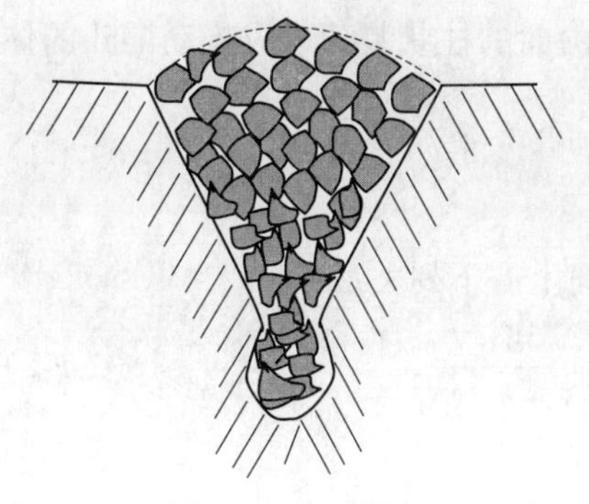

图 2-1-4 松动漏斗

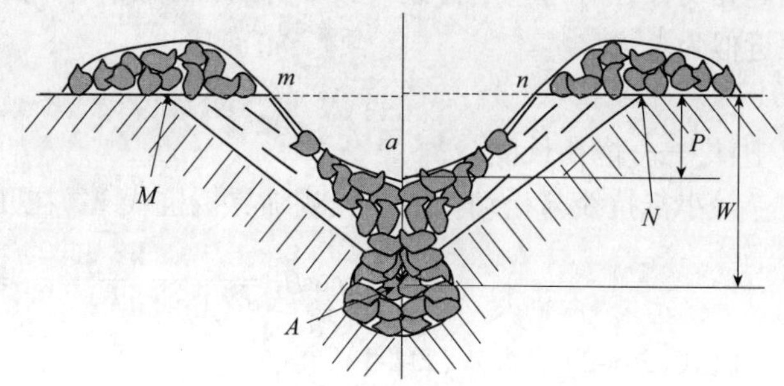

图 2-1-5 抛掷漏斗

MAN-松动漏斗；*MmA*-松动锥；*mAn*-抛掷漏斗；*man*-可见漏斗；

W-最小抵抗线；*P*-可见深度

在工程中，利用爆破漏斗或抛掷作用，可以松动岩土、开挖坑、壕或一定形状尺寸的掩体工事、构筑道路或堆积石坝等。

在压碎区、裂隙区及漏斗形成过程中，冲击波（应力波）的强度已经大大减弱，在破裂区以外已不能再使介质破裂，只能引起介质质点的弹性震动，质点的震动范围即是震动区。震动区的范围很大。在这个范围内，离装药中心近的地方，震动强度大；离装药中心远的地方，震动强度小。

2.1.3 爆破漏斗的几何要素

当装药量不变，改变最小抵抗线；或最小抵抗线不变，改变装药量，可以形成不同几何要素的爆破漏斗，包括松动漏斗和抛掷漏斗。爆破漏斗的主要几何要素见图 2-1-6。

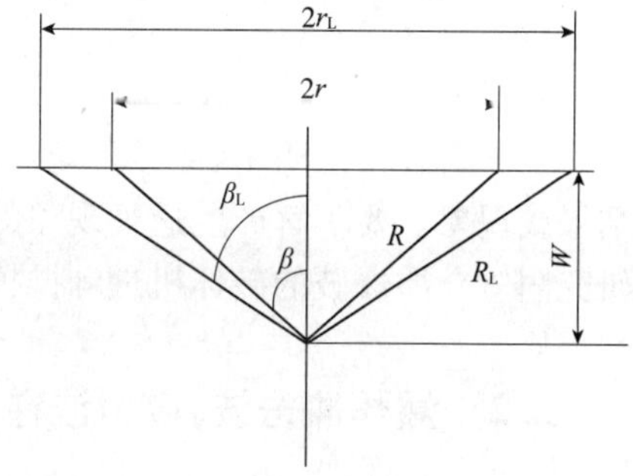

图 2-1-6 爆破漏斗的几何要素

（1）抛掷作用半径 R 和松动作用半径 R_L；抛掷漏斗半径 r 和松动漏斗半径 r_L。

（2）抛掷爆破作用指数和松动爆破作用指数。抛掷漏斗半径与最小抵抗线的比值 $n = r/W$ 称为抛掷爆破作用指数。$n = 1$ 的抛掷漏斗称为标准抛掷漏斗，形成标准抛掷漏斗的装药称为标准抛掷装药；$n > 1$ 的抛掷漏斗称为加强抛掷漏斗，形成加强抛掷漏斗的装药称为加强抛掷装药；$0.75 < n < 1$ 的抛掷漏斗称为减弱抛掷漏斗，形成减弱抛掷漏斗的装药称为减弱抛掷装药；$n < 0.75$ 时，实际上不再能形成抛掷漏斗，在自由面上只能看到岩石的松动和突起。因此，$n < 0.75$ 的装药称为松动装药。

按照类似的定义，将松动漏斗半径与最小抵抗线的比值 $n_L = r_L/W$ 称为松动爆破作用指数。$n_L = 1$ 的松动漏斗称为标准松动漏斗；减弱抛掷时（即 $0.75 < n < 1$），松动爆破作用指数 $n_L > 1$，所以减弱抛掷又称为加强松动。

抛掷和松动作用半径主要取决于炸药性质、岩石性质和装药量。此外，抛掷作用半径还与最小抵抗线有关，而松动作用半径则与最小抵抗线无关，并等于装药的临界抵抗线 W_C。

在爆破岩石时，通常采用装药直径较小、装药长度较大的柱状装药；而且只需要将岩石从原岩体上破碎下来，不要求产生大量抛掷。此外，除某些形式的布孔方式（掏槽孔）外，其他炮孔均存在有与它平行或大致平行的自由面。平行自由面的柱状装药形成松动漏斗的体积近似为：

$$V_L = \gamma_L W L_b \tag{2-1-1}$$

式中：L_b——炮孔长度。

最小抵抗线与松动作用半径或临界抵抗线 W_C 在几何上有下列关系：

$$W = W_C \cos\beta_L = \frac{W_C}{(1+\tan^2\beta_L)^{1/2}} = \frac{W_C}{(1+{n_c}^2)^{1/2}} \tag{2-1-2}$$

将式(2-1-2)代入式(2-1-1)，得：

$$V_C = \frac{{W_C}^2 L_b n_L}{(1+{n_L}^2)} \tag{2-1-3}$$

该式表明，当 W_C 和 L_b 固定不变时，柱状状药形成松动漏斗的体积为松动爆破作用指数 n_L 的函数，并存在有使漏斗体积达最大的 n_L 值。按求极值方法，令：

$$\frac{dV_C}{dn_L} = \frac{{W_C}^2 L_b (1+n_L^2-2n_L^2)}{(1+n_L^2)} = 0 \tag{2-1-4}$$

得：$n_L = 1$。

由此可见，对柱状装药的松动爆破来说，标准松动漏斗的体积最大，单位耗药量最小。

将 $n_L = 1$ 代入(2-1-2)式，得最优抵抗线：

$$W_0 = \frac{W_C}{\sqrt{2}} = 0.71 W_C \tag{2-1-5}$$

或装药最优埋置系数为：

$$\Delta_0 = \frac{W_0}{W_C} = 0.71 \tag{2-1-6}$$

上述内容仅说明了装药爆炸时，由于其内部或外部作用，在岩体内及其表面上所造成的结果或现象。要了解产生这种现象的物理实质、计算装药爆破作用的有关参数，必须进一步研究固体介质爆破的破坏机理和抛掷原理。

2.2 爆炸冲击波、应力波在固体介质内部及在自由面影响下的破坏作用原理

装药在固体介质中爆炸，由于介质的非均质性、爆炸反应的特殊性（高温、高压、高速）等多方面因素的影响，爆破的破坏过程是非常复杂的。

爆破的破坏过程是在极短时间内炸药能量的释放、传递和做功的过程。在这个过程中，荷载与介质相互作用。通过反复的爆破实践和大量的试验研究，对爆破的破坏过程的认识亦不断深入。但是，由于问题复杂性，爆破机理仍然是需要进一步研究的重要课题。

2.2.1 空腔和压碎区的形成

2.2.1.1 破坏机理

球形装药在岩土等无限固体介质中爆炸后，瞬间爆炸的气体压力的量级可达 $10^4 \sim 10^5$ MPa，而一般土的强度不超过 10^2 MPa，最坚硬的岩抗压强度的量级也只有 10^2 MPa。紧挨装药的土石受到这种超高压冲击（温度可超过 3 000℃），会立即被压碎，成为熔融状塑性流

态,由此产生一个强烈变形区,在均匀土石介质中形成滑动面系,其切线与装线中心引出的半径交角成45°(三向受压状态必然在斜对角线方向出现剪切裂隙)。这个区域内土石被强烈压缩,朝着离开装药的方向运动,并产生冲击波。

在冲击波作用下,介质结构遭到严重破坏,装药附近的岩土或被挤压,或被击碎成细微颗粒,形成空腔和压碎区。

2.2.1.2 空腔半径和压碎区范围计算

1)土

装药在土中爆炸时,形成空腔的过程是爆炸气体克服土的阻力扩胀体积的过程,可分为两个阶段:第一阶段是爆炸气体由初始压力 p_0、初始体积 V_0 在高压状态下扩胀至 p_1、V_1;第二阶段是爆炸气体由 p_1、V_1 在绝热状态下继续扩胀至最终压力 p_2、最终体积 V_2 的阶段。以上过程可用下式表示:

$$p_0 V_0^{\gamma_1} = p_1 V_1^{\gamma_1}, \quad (p_1 \geqslant 2\ 000\text{MPa}) \tag{2-2-1}$$

$$p_1 V_1^{\gamma_2} = p_2 V_2^{\gamma_2}, \quad (p_1 \leqslant 2\ 000\text{MPa}) \tag{2-2-2}$$

式中:γ_1——高压状态指数,取为3;

γ_2——绝热状态指数,取为4/3。

以 $p_0 = 1 \times 10^4\text{MPa}$,$p_1 = 2 \times 10^2\text{MPa}$ 代入式(2-2-1),得:

$$\frac{R_1}{R_2} = \left[\frac{(1 \times 10^4)}{(2 \times 10^2)}\right]^{\frac{1}{9}} = 1.55$$

以 $p_1 = 2 \times 10^2\text{MPa}$,$p_2 = 0.1\text{MPa}$ 代入式(2-2-2),得:

$$\frac{R_2}{R_1} = \left(\frac{2 \times 10^2}{0.1}\right)^{\frac{1}{4}} = 6.7$$

$$\frac{R_2}{R_0} = 10.4$$

由此说明一般土中爆炸时,球形空腔半径 R_C($R_C = R_2$)约为其装药半径 R_0 的10.4倍。

在普通土中爆破试验得出,空腔半径为:

$$R_2 = 0.45\sqrt[3]{C} = 8.5R_0$$

计算与试验差别在于,最终压力实际大于正常大气压(0.1MPa),爆炸能量在传递过程中也还有无效损耗。土中空腔半径一般约为装药半径的5~10倍。

2)岩石

试验资料表明,球形装药在岩石中爆炸时,由初始体积 V_0 扩胀至最终体积 V_2,扩胀程度主要取决于岩石的抗压强度,可用下式表示:

$$\frac{V_2}{V_0} = \frac{1\ 000}{\sigma_c^{\frac{3}{4}}} = \left(\frac{R_2}{R_0}\right)^3 \tag{2-2-3}$$

式中:σ_c——岩石的单轴抗压强度,10^5Pa。

例如,一般大理岩 $\sigma_c \approx 0.07 \times 10^7\text{Pa}$,代入式(2-2-3)得:

$$\frac{R_2}{R_0} = 1.94$$

此值与试验值十分接近。岩石的压碎区半径一般为装药半径的1~3倍。

压碎区半径也可以按下式来估算：

$$R_{\mathrm{C}}=\left(\frac{\rho_{\mathrm{m}}C_{\mathrm{P}}^{2}}{5S_{\mathrm{C}}}\right)^{\frac{1}{2}}R_{\mathrm{k}} \tag{2-2-4}$$

式中：S_{C}——岩石单轴抗压强度；

R_{k}——空腔半径的极限值，$R_{\mathrm{k}}=\left(\frac{p_1}{p_0}\right)^{\frac{1}{4}}r_{\mathrm{b}}$；

p_1——炸药平均爆轰压，$p_1=\frac{\rho_0 D_1{}^2}{8}$；

p_0——多向应力条件下的岩石强度，$p_0=S_{\mathrm{C}}\left(\frac{\rho_{\mathrm{m}}C_{\mathrm{P}}{}^2}{S_{\mathrm{C}}}\right)^{\frac{1}{4}}$；

ρ_{m}——岩石初始密度；

C_{P}——岩石的弹性波波速；

r_{b}——炮孔半径。

虽然压碎区半径不大，但由于岩石遭到强烈粉碎，消耗能量却很大。因此，爆破岩石时，应尽量避免形成压碎区。

2.2.2 裂隙区（破坏区）的形成

压碎区是由塑性变形或剪切破坏造形成的，而裂隙区则是由拉伸破坏造成的。冲击波向四周传播，超压下降很快，当超压下降到低于岩土的动强度极限时，将不再出现压碎区和滑动面。此时，冲击波衰减为压缩应力波，继续在介质内由自爆源向四周传播。

当冲击波衰减为压缩应力波或岩石直接受它的作用时，径向方向产生压应力和压缩变形（质点产生较大的径向位移），从而使切向（环向）产生拉应力和拉伸变形。由于岩石抗拉能力很差（岩石的动态抗拉强度约为抗压强度的1/10），故当拉伸应变超过动态破坏应变时，就会在径向方向产生裂缝。对大多数岩石，通常认为应力波造成的破坏主要决定于应力值，以第一强度理论作为破坏准则。

此外，计算裂隙区时可忽略冲击波和压碎圈，按声学近似公式计算应力波初始径向峰值应力（即作用在孔壁上的最大冲击压力）为：

$$\begin{cases}\text{耦合装药：} & p_2=\dfrac{\rho_0 D^2}{4}\times\dfrac{2}{1+\dfrac{\rho_0 D}{\rho_{\mathrm{m}}C_{\mathrm{P}}}}\\[2ex] \text{不耦合装药：} & p_2=\dfrac{\rho_0 D^2}{8}\times\left(\dfrac{r_{\mathrm{c}}}{r_{\mathrm{b}}}\right)^{6}\times n\end{cases} \tag{2-2-5}$$

已知，应力波应力随距离衰减的关系为：

$$\sigma_{\mathrm{r}}=\frac{p_2}{\bar{r}^{\alpha}} \tag{2-2-6}$$

在比例距离 $\bar{r}$ 处，切向方向产生的拉应力，近似按下式计算：

$$\sigma_{\theta}=b\cdot\sigma_{\mathrm{r}}=\frac{bp_2}{\bar{r}^{\alpha}} \tag{2-2-7}$$

若以岩石抗拉强度 S_T 代替 σ_θ，由式(2-2-7)解出 r 即裂隙区半径为：

$$\bar{r}=(\frac{bp_2}{S_T})^{\frac{1}{\alpha}} \quad 或 \quad r=R_P=(\frac{bp_2}{S_T})^{\frac{1}{\alpha}}r_b \tag{2-2-8}$$

式中：b——切向应力和径向应力的比例系数，$b=\frac{\upsilon}{(1-\upsilon)}$；

υ——岩石的泊松比；

α——应力波衰减指数，$\alpha=2-b$；

ρ_0——炸药密度；

D——炸药爆速；

$\bar{r}$——比例距离，$\bar{r}=r/r_b$；

r_c——药柱半径；

n——爆轰产物撞击孔壁时压力增大的倍数，$n=8\sim11$；

r_b、ρ_m、C_p 含义同前。

裂隙区内的径向裂隙数目，随距装药中心的距离增大而减小。两条相邻裂隙间的夹角 β_j 与比例距离存在有下列关系：

$$\beta_j=A\,\bar{r}_2$$

式中：A——决定于炸药类型、岩石性质和装药爆炸条件的系数，对 TNT 炸药和坚硬岩石 $A\approx1$。

此外，当应力波压强下降到一定程度时，原先在装药周围的岩石被压缩过程中积蓄的弹性变形能会释放出来，应力波转变为卸载波，形成朝向爆炸中心的径向拉应力。当此拉应力大于岩石的动态抗拉强度极限时，岩石便被拉断，在已形成的径向裂隙间将产生环状裂隙。但此种情况在实际中遇到的较少。

在径向裂缝与环向裂缝出现同时，由于径向应力与切向应力共同作用，又形成剪切裂缝。

在应力波作用下形成裂缝的同时，高压的爆炸气体的膨胀尖劈作用助长了裂缝的扩张。于是，纵横交错的裂缝，将岩石切割破碎，构成了破裂区，它是岩石被爆破破坏的主要区域。该区域范围一般为 $3r_0\sim15r_0$。

2.2.3 在自由面影响下的破坏作用原理

当装药埋置深度小于临界深度时，还必须考虑自由面对应力场的影响。此时，入射到自由面上的应力波和从自由面反射回的反射应力波（包括反射纵波和反射横波）进行迭加，就会在靠自由面一侧的岩体内构成非常复杂的动态应力场。该应力场对破碎漏斗的形成起着决定性的作用。

我们已经知道，入射波遇自由面时将发生反射，并产生两种新波即反射纵波和反射横波，从自由面向岩体内部传播。由于纵波波速大于横波，故随时间推移，反射纵波将超前于反射横波传播。反射波可看作是位于自由面空气一侧的虚拟波源发出（图 2-2-1）。

因反射波的应力与入射角有关，所以波面上各点的应力值不同。对反射纵波来说，最小抵抗线方向上的应力值最大，偏离最小抵抗线，即随入射角（反射波传播方向与最小抵抗线的夹角）增大时，应力值减小，而且在大多数岩石中，无论入射角多大，反射纵波的径向应力和切向应力均为拉应力，但当岩石泊松比较小且入射角较大时，反射纵波的径向应力将变为压应力。对反射横波来说，最小抵抗线上的剪应力值为零，即在正入射（入射角 $\alpha=0°$）情况下,没有反射横波产生,但剪应力随入射角的增加而增大,增大到一定程度后,剪应力将随入射角的继续增大而减小。

反射纵波和反射横波的主应力大小和方向沿波阵面变化的情况,如图 2-2-2 所示。

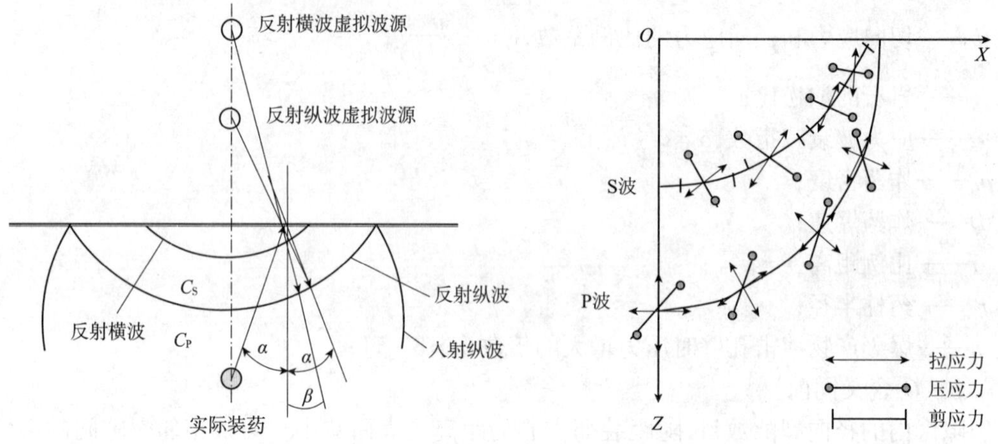

图 2-2-1　装药爆炸产生应力波遇自由面的反射
α-入射角和纵波反射角;β-横波反射角

图 2-2-2　反射波波阵面上主应力的大小和方向(花岗岩)

岩体内的应力状态是由入射压缩波,反射拉伸波和反射横波的相互作用所确定的。但在最小抵抗线上,发生相互作用的仅有两种波:入射压缩波和反射拉伸波。以沿最小抵抗线分割出的杆件为例,并假设入射应力波波形为三角形,应力峰值为 σ_{r0},不考虑波的衰减,则当入射压缩波遇自由端发生反射时,图 2-2-3 为入射波与反射拉伸波的迭加情况。当入射压缩波尚未反射部分与反射拉伸波迭加后出现的拉应力等于岩石的动抗拉强度 S_T 时,将形成第一道平行自由面的裂缝[图 2-2-3a)],使第一层岩石发生片落,造成一个新的自由面(即所谓的“Hopkison Effect”)。在新自由面上,压缩波的应力峰值为 $\sigma_{r0}-S_T$[图 2-2-3b)]。从新自由面上反射回的拉伸波与入射波叠加后产生的拉应力再度等于岩石的动抗拉强度时,将形成第二道平行自由面的裂缝,使第二层岩石发生片落,造成另一个新自由面,在该自由面上,压缩波的应力峰值减为 $\sigma_{r0}-2S_T$[图 2-2-3c)]。由此可见,形成的裂缝或新自由面对反射波的传播起着屏蔽作用,而且每片落一层岩石,在新自由面上,压缩波的应力峰值减小一个 S_T 值。因此,片落层数最多为:

$$N=\sigma_{r0}/S_T \tag{2-2-9}$$

每一片落层的厚度 δ 为:

$$\delta=\frac{\lambda/2}{N}=\lambda S_T(2\sigma_{r0}) \tag{2-2-10}$$

式中:λ——应力波波长,$\lambda/2$ 为片落下岩石的总厚度。

实际的应力波形不同于三角形,虽然上述关系同样适用,但片落层的厚度不等,按式(2-2-10)计算的厚度应为平均厚度。由于应力波的衰减,实际片落层数和总片落厚度均小于计算值。

爆破时,岩石由自由面向岩体深部一层层片落下来形成的爆破漏斗称为片落漏斗。在片落漏斗形成过程中,反射拉伸波起着重要的作用。爆破漏斗形成的这种机理多发生在高阻抗岩石中。在中等阻抗岩石中，对形成爆破漏斗起重要作用的不是反射拉伸波形成的环状裂隙而是入射压缩形成的径向裂隙，但由于自由面或反射波的影响，可以进一步扩大它的发展。

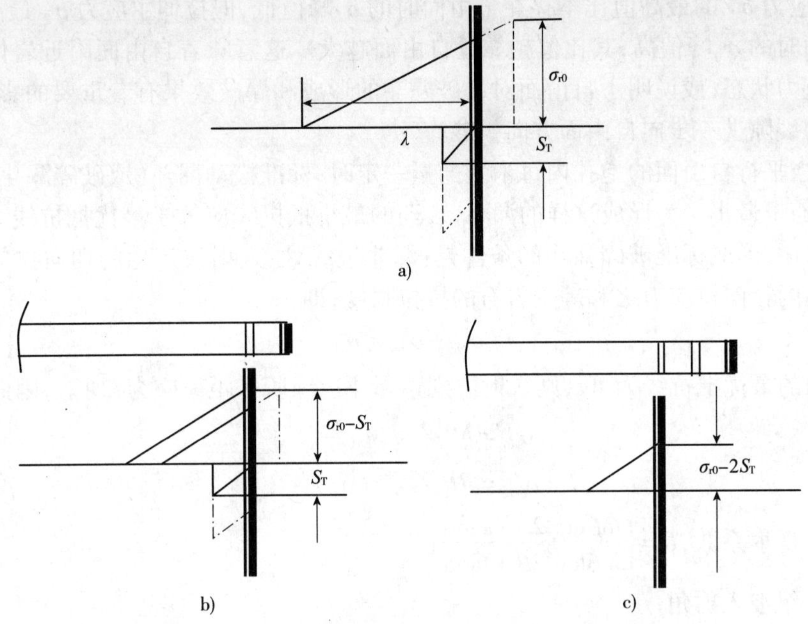

图 2-2-3　入射压缩波和反射拉伸波迭加使岩石发生片落的机理

图 2-2-4 是在球面坐标系，以及图 2-2-5 中 r、σ、φ 角中，按三种应力波迭加、利用解析方法得出的岩体内各点拉伸主应力达最高值时的主应力方向（另一主应力 σ_3 与图面垂直）。拉伸主应力 σ_2 是产生裂隙的根源，故其作用方向对推断岩体中爆破产生裂隙方向和爆破漏斗的形成具有重要意义。从图 2-2-4 中看出，在最小抵抗线上，σ_1 主应力作用方向与 r、θ 方向一致。但在最小抵抗线以外的点上，主应力作用方向随距最小抵抗线距离 X 值的增大而逐渐偏离 r、θ 方向，其中拉伸主应力 σ_2 由 θ 方向偏转到垂直于自由面的方向。由此可以推断，在爆源附近，裂隙取径向方向，但随 X 值增大，裂隙方向逐渐发生偏转，最后平行于自由面。因此，裂隙群的排列类似喇叭花状。若裂隙群能得到充分发展并延伸至自由面，就将形成爆破漏斗。

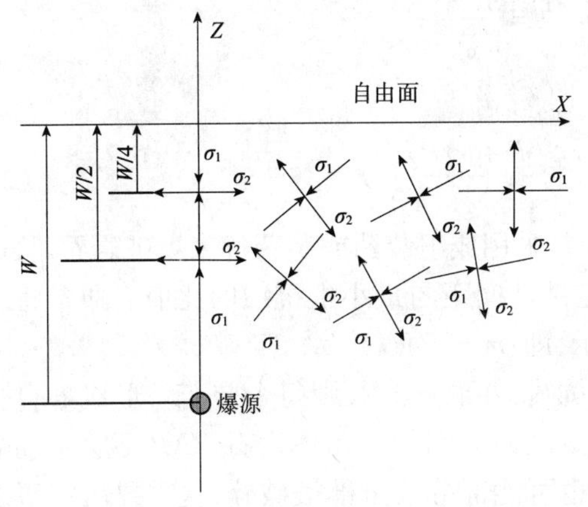

图2-2-4　拉伸主应力 σ_2 达最高值时，主应力 σ_1、σ_2 的方向

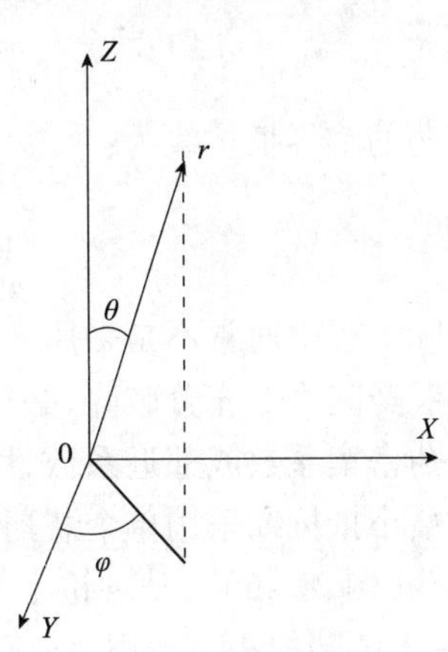

图 2-2-5　球面坐标系

此外，分析结果表明，在距爆源水平距离 $W/2$ 的范围内，自由面或反射波对应力最高值的影响可忽略不计，但在自由面附近（距自由面 $W/2$ 的范围内），由于自由面或反射波的影响，压缩主应力 σ_1 的最高值比不存在自由面时的 σ_r 峰值低，但拉伸主应力 σ_2 最高值却比不存在自由面时的 σ_θ 峰值高，其比值越靠近自由面越大。这意味着自由面附近岩体处于有利于破裂的应力状态，或说明了自由面对爆破漏斗的形成和爆破效果有着重要的影响，能使入射波产生的裂隙进一步向自由面方向扩展。

已知，当平行自由面的炮孔内每米装药量一定时，标准松动漏斗（或破碎漏斗）的体积最大，单位耗药量最小。为形成这样的漏斗，装药的最小抵抗线应等于最优抵抗线。若忽略反射横波的作用，形成标准破碎漏斗的条件是：漏斗边缘处，入射波产生的切向拉应力和反射拉伸波产生的径向拉应力之和等于岩石的抗拉强度，即：

$$\sigma_{\theta i}+\sigma_{rR}=\sigma_T \tag{2-2-11}$$

若装药的最优抵抗线为 W_0，则入射波到达漏斗边缘所经距离应为$\sqrt{2}W_0$。因此：

$$\sigma_{\theta i}=bP_2/(\sqrt{2}w_0/r_b)^\alpha \tag{2-2-12}$$

$$\sigma_{rR}=RP_2/(\sqrt{2}w_0r_b)^\alpha \tag{2-2-13}$$

式中：R——反射系数，$R=\frac{\tan\beta\tan^2 2\beta-\tan\alpha}{\tan\beta\tan^2 2\beta+\tan\alpha}$；

α——纵波入射角；

β——横波反射角，$\beta=\sin^{-1}\left\{\left[\frac{1-2v}{2(1-v)}\right]^{\frac{1}{2}}\sin\alpha\right\}$；

其他参数含义同前。

反射拉伸波的反射系数为负值，计算时取其绝对值（因这里只考虑拉应力大小，不计其符号）。

将式（2-2-12）和式（2-2-13）代入式（2-2-11），得最优抵抗线：

$$W_0=\left[\frac{(R+b)P_2}{S_T}\right]^{\frac{1}{\alpha}}\frac{r_b}{\sqrt{2}} \tag{2-2-14}$$

每米炮孔形成标准松动漏斗的体积 $V_0=W_0^2$，以 q_1 表示每米炮孔装药量，则形成标准破碎漏斗的单位耗药量为：

$$q=\frac{q_L}{V_0}=\frac{q_L}{W_0^2} \tag{2-2-15}$$

装药的临界抵抗线为：

$$W_c=\sqrt{2}W_0=\left[\frac{(R+b)P_2}{S_T}\right]^{\frac{1}{\alpha}}r_b \tag{2-2-16}$$

实际工程中通常不是采用一个装药，而是采用成组装药或装药群来爆破岩石。此时，为使相邻装药间岩石充分破碎，必须合理确定装药间距与最小抵抗线的比值。通常将该比值称作装药密集系数或邻近系数，用 m 来表示，即：$m=a/W$。

若最小抵抗线采用单个装药的最优抵抗线，并取 $m=2$，则每个装药将形成各自独立的爆破漏斗（图 2-2-6）。从理论上来说，两个爆破漏斗间的三角体岩石 MNP 不会被粉碎。实际上，由于装药的相互作用，该三角体岩石也可能部分或全部被破碎，这主要决定于岩石特性，尤其是岩石的节理状况或裂隙性。

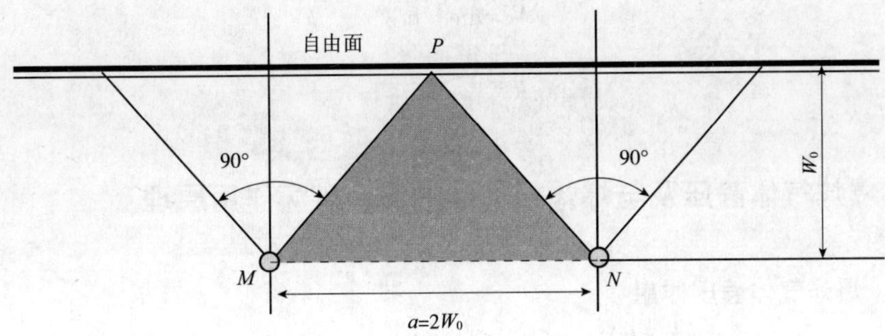

图 2-2-6 装药间距为单个装药最优抵抗线两倍时岩石的破碎装况

若炮孔间距等于单个装药的最优抵抗线(图 2-2-7),相邻两个爆破漏斗在 P 处相交,虽在漏斗间留有三角体岩石 MNP,但由于装药间的相互作用,该三角体岩石一般能较好地破碎,实际破碎区为 $LMNO$,MN 面破碎的也较整齐,甚至在软岩、节理发育或裂隙性发育的岩石中,还可能造成超挖。只是在这种情况下,相邻两漏斗有一部分 PEF 发生重叠,炸药能量未能充分利用。

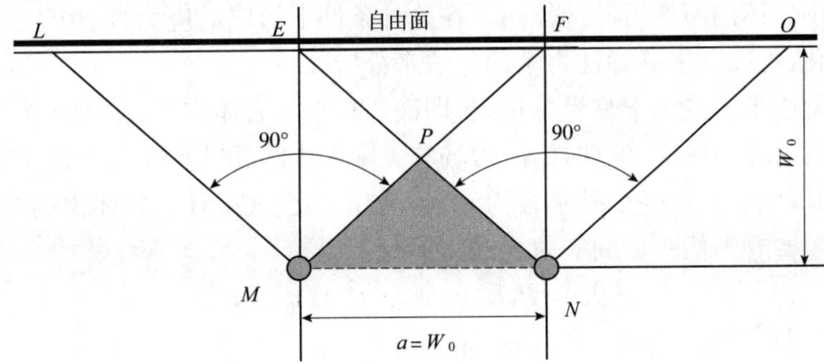

图 2-2-7 装药间距等于单个装药的最优抵抗线时岩石的破碎状况

为避免漏斗重叠,在临界抵抗线固定的条件下,可根据几何关系调整最小抵抗线和装药密集系数。漏斗不发生重叠时,应有下列几何关系:

$$W_c = \sqrt{\left(\frac{mW}{2}\right)^2 + W^2} = \sqrt{2}W_0$$

由上式可求得此装药条件下的最小抵抗线:

$$W = \left[\frac{2}{\left(\frac{m}{2}\right)^2 + 1}\right]^{\frac{1}{2}} W_0 \tag{2-2-17}$$

若取 $m = 1$, $W = 1.26W_0$,即 $m = 1$ 时,装药群的最小抵抗线可比单个装药的最优抵抗线大 26%。当 $m = 2$ 时,装药群的最小抵抗等于单个装药的最优抵抗线,即 $W = W_0$。

最小抵抗线和密集系数是影响爆破效果的重要参数,选择不当会发生超挖、欠挖、增加大块率或岩石抛掷过远等不良现象。m 值通常在 0.8 ~2 内变化。在保证达到所要求的爆破效果前提条件下,从经济上考虑,为提高每米炮孔爆破量,应尽可能扩大炮孔间距,而不要加大装药的最小抵抗线。

采用装药群爆破时,每米炮孔爆破下的岩石体积和单位耗药量相应为:

$$V = aw = mW^2 \tag{2-2-18}$$

$$q = \frac{q_L}{V} = \frac{q_L}{mW^2} \tag{2-2-19}$$

2.3 爆炸气体静压及与爆炸应力波的综合破坏作用原理

2.3.1 爆炸气体静压作用

爆破岩石时,岩体初期受到装药爆炸所激起的应力波的作用,但由它形成的应力状态或动态应力场将很快消失,后期受到爆炸气体的静压作用,作用时间较长。

在高阻抗岩石、高猛度炸药、耦合装药或装药不偶合系数较小的条件下,应力波的破坏作用是主要的;但在低阻抗岩石、低猛度炸药、装药不偶合系数较大的条件下,爆炸气体静压的破坏作用则是主要的。

为分析在气体静压作用下形成的应力场,假设气体封闭在炮孔内且容积不变,即假设应力波在炮孔周围岩体内不产生破坏作用。在这种条件下形成的应力场,由于是稳态应力场,不随时间而变化,可以利用静弹性力学的方法来分析。

若装药的最小抵抗线大于临界抵抗线,即破坏只限于岩体内部,则可认为气体静压产生的应力场不受自由面的影响。这时的应力场与无限体内圆孔壁上受均匀压力产生的应力场相同,故可应用厚壁管理论并令外半径为无限大导出的公式来计算岩体内的应力场。

已知计算厚壁管内任一点的应力公式为:

$$\sigma_r(\theta) = P_P r_b{}^2 (1 \pm r_r / r^2)(r_r{}^2 - r_b{}^2) \tag{2-3-1}$$

式中:P_P——作用在管壁(相当于炮孔壁)上的静压,$P_P = P\,(r_c^2/r_b^2)^n$;

P——炸药爆压;

r_b——厚壁管内半径,相当于炮孔半径;

r_c——装药半径;

r_r——厚壁管外半径;

r——任意一点距管中心(或炮孔中心)的距离。

令 $r_r \to \infty$,上式简化为:

$$\sigma_r(\theta) = P_P r_b{}^2 / r^2 \tag{2-3-2}$$

该式表明,径向应力与切向应力的绝对值相同,但符号相反,切向应力为拉应力。在切向拉应力作用下,岩体内产生径向裂隙,形成裂隙圈,其半径为:

$$R_P = r_b\,(P_P/S_T)^{1/2} \tag{2-3-3}$$

式中:S_T——岩石的抗拉强度。

若装药最小抵抗线小于临界抵抗线,则必须考虑自由面的影响。当计算自由面一侧岩体内的各点应力时,可将厚壁管外半径视为 θ 的函数(θ 为外半径与装药最小抵抗线之间的夹角),即当 $0 \leqslant \theta \leqslant \frac{\pi}{2}$ 或 $\frac{3\pi}{2} \leqslant \theta \leqslant 2\pi$ 时:$r_r = \frac{W}{\cos\theta}$。

以 $r_r = \frac{W}{\cos\theta}$ 代入式(2-3-1),将该式改写为:

$$\sigma_r(\theta)=P_P r_b^2\cos^2\theta\,(1+W^2/r^2\cos^2\theta)/(W^2-r_b^2\cos^2\theta) \tag{2-3-4}$$

为形成标准松动漏斗,漏斗边缘处的切向拉应力应等于岩石的抗拉强度。以 $\sigma_r(\theta)=S_T$、$r=\sqrt{2}W$、$\theta=45^\circ$ 代入上式并解出 W,即装药的最优抵抗。解得的结果为:

$$W=W_0=r_b\sqrt{\frac{2P_P+S_T}{2S_T}} \tag{2-3-5}$$

S_T 与 P_P 比较,S_T 可忽略不计,故最优抵抗线近似等于:

$$W_0=r_b\sqrt{\frac{P_P}{S_T}} \tag{2-3-6}$$

比较式(2-3-3)和式(2-3-6)可以看出,最优抵抗线与裂隙圈的半径相同,但将自由面上任何一点看作是自装药中心至该点距离为外半径的厚壁管表面上的一点,不符合实际情况。因此,(2-3-6)式只能用于定性分析,定量计算尚需乘以修正系数 k,即:

$$W_0=kr_b\sqrt{\frac{P_P}{S_T}} \tag{2-3-7}$$

式中,系数 k 与岩石的构造特征有关,其变化范围为 1.4~2.0。整体岩石取下限,裂隙性岩石取上限。

装药群的最小抵抗线为:

$$W=\left[\frac{2}{(\frac{m}{2})^2+1}\right]^{\frac{1}{2}}W_0 \tag{2-3-8}$$

式中:m——装药密集系数。

2.3.2 气体静压与应力波综合作用

一般来说,岩体内最初形成的裂缝是由应力波造成的,随后爆炸气体渗入裂隙并在静压作用下,使应力波的形成裂隙进一步扩展。但在某一特定条件下,可以侧重某一方面的作用(应力波的作用或气体静压作用)来分析岩石的破碎机理、破碎过程和计算爆破作用。

岩石的爆破破碎过程及其机理与炸药性质、装药结构、岩石性质等许多因素有关。在通常的爆破条件下,根据岩石性质对爆破作用的影响,可将岩石分为三类:

第一类:高阻抗岩石,其波阻抗为 $15\times10^6\sim25\times10^6(\text{kg/m}^3)\cdot(\text{m/s})$。此类岩石的破坏,主要决定于应力波,包括入射波和反射波。

第二类:低阻抗岩石,其波阻抗小于 $5\times10^6(\text{kg/m}^3)\cdot(\text{m/s})$。此类岩石中主要是由气体压力形成的破坏。

第三类:中等阻抗的岩石,其波阻抗为 $5\times10^6\sim10\times10^6(\text{kg/m}^3)\cdot(\text{m/s})$。该类岩石的破坏,是应力波(主要是入射波)和爆炸气体综合作用的结果。

下面简要阐述应力波和爆炸气体综合破坏作用的基本原理:

(1)在应力波作用下,岩体内形成径向裂隙。

(2)应力波遇自由面反射,在反射拉伸波的作用下,自由面附近岩石可能发生片落,但这种可能性一般不大。

(3)气体渗入到应力波形成的径向裂隙内,起着气楔作用,增大了裂隙前端岩体内的拉

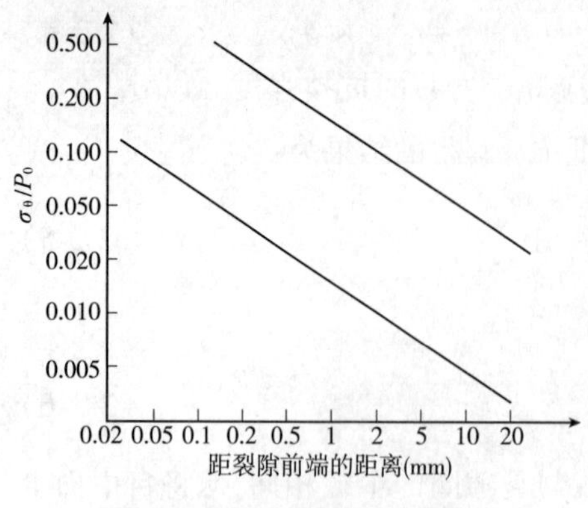

图 2-3-1 裂隙前端岩体内的拉应力

应力。图 2-3-1 为裂隙长度等于球形空洞半径的 12.7 倍,空洞内气体压力为 P_0,当气体渗入长度为裂隙长度的 1/3 时,裂隙前端岩体内的拉应力,和没有裂缝时于相同位置处产生的拉应力的比较。尽管气体渗入裂隙使空洞内压力有所下降,但由于裂隙前端体内的拉应力增大,裂隙仍能继续扩展,其扩展情况由气体压力及气体冲入裂隙的深度所控制,冲入越深,裂隙越长。

目前,综合破坏作用仅处于定性分析阶段,尚未建立起系统、完善的计算方法。

2.4 固体介质破坏的能量原理

为将一定体积岩石自岩体上爆破下来,并达到所要求的破碎度,必须满足两个条件:

(1)该体积内产生的应力,必须超过岩石的强度极限,为裂隙的发生、发展和爆破漏斗的形成创造条件;

(2)能量密度(单位体积内的能容量,又称作比能)应超过某一最小极限,以保证达到所要求的破碎度。

破碎岩石时,岩石获得的能量(动能除外)消耗于变形,形成新表面积并以热能形式散失在周围空间内(后两部分能量都是由部分变形能转化而来的)。

若将热能损失包括在变形功(剩余变形能)和形成新表面积所做的功内,则总破碎能等于该两部分功之和,即:

$$E_W = kV_1 + eS \tag{2-4-1}$$

式中:k——比例系数,即消耗在单位体积岩石上的剩余变形能量;

V_1——破碎前的体积;

e——形成单位新表面积的能量;

S——形成的新表面积。

上式即列宾捷尔给出的破碎能量方程,或邦德提出的破碎定理。

当破碎大块岩石,而且破碎的块度很大(或破碎度很小)时,由于形成的新表面积较小,它所消耗的功可忽略不计,故破碎能量方程简化为:

$$E_W = kV_1 \tag{2-4-2}$$

该式称为基尔皮切弗—基克破碎定理,即:破碎功与被破碎物体的体积成正比。

若破碎块度很小,形成的新表面积很大,变形功可忽略不计时,破碎能量方程将简化为:

$$E_W = eS \tag{2-4-3}$$

该式称为黎金格尔破碎定理,即:破碎功与形成的新表面积成比例。

与自由面相比较,爆破岩石形成的新表面积很大。因此,可根据黎金格尔破碎定理来确定破碎功。

若假设某一单位体积岩石(将爆破漏斗内岩石自装药中心用径向平面和柱面划分为单位破碎后的块度相同,形状为立方体,则其平均尺寸为:

$$d_m = \frac{6V_1}{S} \tag{2-4-4}$$

将式(2-4-3)代入,并考虑原有裂隙表面得:

$$d_m = \frac{6V_1}{\dfrac{E_W}{e} + S_K V_1} \tag{2-4-5}$$

式中:S_K——单位体积内的自然裂隙表面积。

e 值同强度一样取决于破碎形式。已知弹性变形能与应力平方成正比。因此,可以假设 e 值正比于强度极限的平方,即:

$$\frac{e_c}{S_C^2} = \frac{e_T}{S_T^2} = \frac{e_s}{S_s^2} \tag{2-4-6}$$

其中 e_c、e_T、e_s 分别代表压缩、拉伸和剪切破坏的 e 值。在复杂应力状态下,若围绕一点的单元体,体积减小时取 e_c,增大时取 e_T,不变时取 e_s。

若已知某一破碎形式的 e 值和强度极限,根据式(2-4-6)就能确定出其他破碎形式的 e 值。

按黎金格尔破碎定理,若应力参数超过强度极限,单元体内的破碎能全部消耗在形成新表面积上(忽略热能损失),并等于变形能。因此,应用弹性力学中计算变形能的公式,得:

$$E_W = \frac{h}{2E}\int_{\beta_1}^{\beta_2}\int_{R_1}^{R_2}[\sigma_r^2 + \sigma_\theta^2 + \sigma_Z^2 - 2v(\sigma_r\sigma_\theta + \sigma_\theta\sigma_Z + \sigma_Z\sigma_r)]Rd\beta dR \tag{2-4-7}$$

式中:h——平行炮孔轴线方向选定的单元体尺寸;

β_1,β_2——在柱面坐标系中限定单元体的矢经与 X 轴间的夹角(图2-4-1);

R_1,R_2——限定单元体的柱面半径。

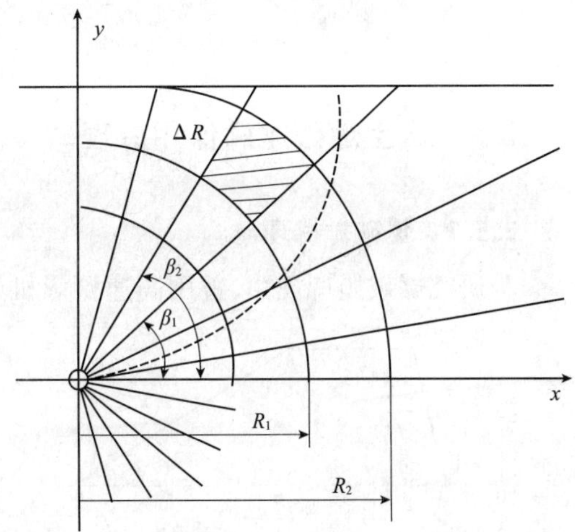

图2-4-1　用径向平面和柱面划分单元体的参数

因此,为计算单元体的破碎能,必须先确定应力场。在静态应力场中,应力参数只取决于空间坐标,但在动态应力场中,应力参数是空间坐标和时间的函数。计算时,若得出的 d_m 值小于单元体的径向尺寸 ΔR($\Delta R = R_2 - R_1$)且相差较大时,应缩小 ΔR 并重新计算,否则计算出的块度尺寸与实际尺寸相差较大;当 $d_m > \Delta R$ 时,则应增大 ΔR 并重新计算;若增大体积后仍保持不等式,说明能量密度已不能保证岩石破碎,岩体内只能发展个别的裂隙。

根据计算结果,可以预测爆破块度大小的分布,和不同级别块度在总爆破量中所占的比例。但这种计算是相当复杂的,只有借助于电子计算机才能完成。

影响岩石破碎度的一个重要参数是单位耗药量,在实际工作中一般通过试验先确定出破碎度与单度耗药量之间的关系,然后按要求达到的破碎度确定单位耗药量,作为计算其他爆破参数的依据。单位耗药量通常根据经验资料和有关手册选取,并根据试验进行修正。

经验表明,在一定范围内提高单位耗药量,可以减小加权平均的爆破块度(或增大破碎度),但存在有使平均爆破块度达最小的单位耗药量,超过该值后,块度反而增大,多余的药量只能用来增大岩块的抛掷速度。

当要求的爆破块度一定时,随着自由面个数的增多,单位耗药量将减少,见表2-4-1。

单位耗药量与自由面个数的关系 表2-4-1

自由面个数	1	2	3	4	5	6
单位耗药量(kg/m³)	1	0.7~0.8	0.5~0.6	0.4~0.5	0.3~0.4	0.2~0.3

给出单位耗药量后,可按下述方法计算装药的最小抵抗线。设每米炮孔装药量为 q_L:

$$q_L = \pi r_c^2 \psi \rho_0 \tag{2-4-8}$$

式中:r_c——装药半径;

ψ——每米炮孔的装药长度系数,简称装药系数,即炮孔内装药长度与炮眼长度的比值;

ρ_0——炸药密度。

若装药间距为 a,邻近系数为 m,则每米炮孔承担爆破的岩石体积为:

$$V = aW = mW^2 \tag{2-4-9}$$

按单位耗药量计算,每米炮孔装药量应为:

$$q_L = qV = qmW^2 \tag{2-4-10}$$

由式(2-4-8)和式(2-4-10)解出最小抵抗线:

$$W = r_c \left(\frac{\pi\psi\rho_0}{mq}\right)^{1/2} \tag{2-4-11}$$

2.5 岩土爆破抛掷作用原理

2.5.1 爆破抛掷现象

为研究爆破抛掷规律,曾用高速摄影机(约300幅/s)记录大量爆破工程实爆现象。综合分析许多影片资料后得出:装药在土石中起爆后,爆破作用的发展过程大致分为五个阶段(图2-5-1)。

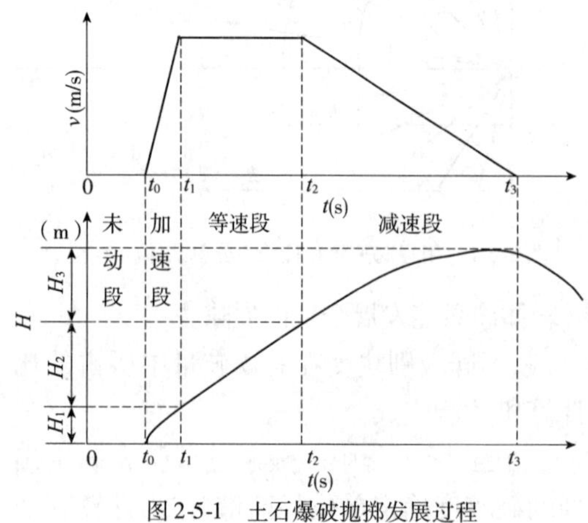

图2-5-1 土石爆破抛掷发展过程

2.5.1.1 未动段

由装药起爆(时间为0s)到 t_0,影片画面未出现鼓包。这段时间实际上是破碎漏斗的形成过程。由于应力波的作用,在土石中形成压缩圈、径向裂隙、环向裂隙等,导致漏斗内介质破碎,介质间的内聚力、黏着力均下降。这段时间间隔 t_0 只和最小抵抗线 W 有关,大体上可用 $t_0 \approx 2W(ms-m)$ 来计算。

2.5.1.2 加速段

压缩圈形成之后，高压气体要继续膨胀，漏斗内已碎裂的介质在高压气体作用下加速运动。加速度的大小取决于压缩圈空腔内部高温高压气体的物理状态和介质间的“联系力”（包括介质残余的内聚力、黏着力、内摩擦阻力等）、重力。此时影片画面上出现鼓包，并不断向外膨张升起，随着鼓包的向外运动，空腔扩大，气体压力减少。与此同时，漏斗内的介质间联系力由于岩体在上升过程中进一步受到破坏，联系力也随之减小，故可出现“等加速”过程，即图 2-5-1 中 $t_0 \sim t_1$ 时间间隔。

2.5.1.3 等速段

随着鼓包的上升，空腔形状发生变化，漏斗内的岩体受力情况也发生变化，最小抵抗线方向的岩体将被拉薄，气体沿径向裂隙像“气刃”似的进一步破坏岩体，造成大的充气裂缝并可相互贯通，使部分岩体将和气体混成一体。此时气球压力与阻力相等。气球向最小抵抗线方向等速膨胀，直至鼓包破裂，介质获得抛掷速度，即图 2-5-1 中 $t_1 \sim t_2$ 时间间隔。

2.5.1.4 减速段

鼓包在减速阶段轮廓开始模糊，数据往往不太准确。但由某些工程资料仍可看出减速段的运动不同于在自由重力场中的弹道运动，其减速度小于 g。在减速段由于“气刃”发展到表面，首先是在最小抵抗线方向形成“贯通”的气石流，鼓包破裂，很快形成一个喇叭口，将大量土石碎块卷入气石流中一起抛出，故抛体的运动就是这种气石流的运动。在气石流运动过程中，气体静压不会立刻降到 1 个大气压，气体动压继续推动并卷入土石，故气石流中的土石运动形态是紊乱的，在加强抛掷爆破中肉眼即可看到许多“飞石”。但从总体看，大部分土石还是朝着 W 方向运动的。在减速段 $t_2 \sim t_3$ 时间间隔内，土石上升速度渐减，直至停止上升（速度为 0）。

2.5.1.5 回落段

这时土石开始回落。先是漏斗边缘的土石由于被卷入气石流较晚，抛的较近，回落最早。抛体的其余部分由于气石流和未动介质间存在着作用力，故其运动状态也是紊乱的，将根据其各自情况先后回落，最终形成爆破可见漏斗，即图中 t_3 以后的时间所产生的情况。

表 2-5-1 列出某次土石爆破高速摄影资料记录。

高速摄影资料记录 表 2-5-1

参数 \ 序号	最小抵抗线（W）	单位耗药量（q）	加速段			等速段			减速段			最大高度时总和		
			加速度	时间 t_1	高度 H_1	速度 u	时间 t_2	高度 H_2	减加速度	时间 t_3	高度 H_3	速度 u	时间 t	高度 H
序号	m	kg/m³	g	ms	m	m/s	ms	m	g	s	m	m/s	s	m
I	17.0	2 号岩石炸药 1.0	40	100	1.1	22	430	7.3	1	2.2	19.6	0	2.8	28
II	12.5	铵油炸药 0.9	12	200	3.5	15	400	5.5	1	1.5	120	0	2.1	20
III	25.0	铵油炸药 1.2	7	300	4.5	18	1000	15.0	1	1.8	21.0	0	3.1	40

注：1. 试验 I：流层状辉长岩中进行，装药起爆至地动 40ms（t_0）。

2. 试验 II：强风化辉长岩中进行，装药起爆至地动 30ms（t_0）。

3. 试验 III：流层状辉长岩中进行，装药起爆至地动 50ms（t_0）。

2.5.2 抛掷作用分析

爆破漏斗内的岩石破碎后,依靠爆炸气体剩余能量膨胀做功,使破碎的岩块获得动能,并自爆破地点抛出一定距离。其运动轨迹(图 2-5-2),可用如下弹道方程描述:

$$y = x\tan\alpha - \frac{gx^2}{2{v_0}^2\cos^2\alpha}(1 + K_0{v_0}^2x) \tag{2-5-1}$$

式中:y,x——弹道曲线的流动纵坐标和横坐标;

v_0——破碎岩块运动的初速度;

α——初速 v_0 与水平轴 ox 的夹角或抛射角;

K_0——考虑弹道系数和空气中岩块运动的其他条件的经验系数。

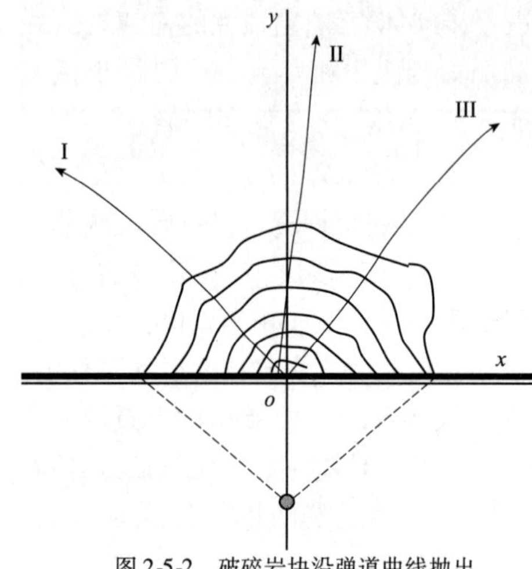

图 2-5-2 破碎岩块沿弹道曲线抛出

破碎岩块沿弹道曲线运动的平均速度为:

$$v_m = \sqrt{{v_0}^2 - 2gtv_0\sin\alpha + g^2t^2} \tag{2-5-2}$$

式中:t——飞行时间。

岩块沿弹道曲线运动的动能 E_K 为:

$$E_K = \frac{Mv_m^2}{2} \tag{2-5-3}$$

其中 M 为运动部分的质量:

$$M = \frac{V\gamma}{g}\ln K \tag{2-5-4}$$

式中:V——破碎岩石的体积;

γ——岩石相对密度;

K——岩石的膨胀系数。

在飞行过程中,岩块克服空气阻力所消耗的能量为:

$$E_C = FL \tag{2-5-5}$$

式中:F——在空气冲运动的阻力:

$$F = \frac{2.36 \times 10^{-6} iH_y}{d_i}VV_m^2 \tag{2-5-6}$$

式中:i——考虑岩块形状的系数,一般为 1 ~ 1.22;

H_y——空气密度的函数,一般为 0.98 ~ 1.0;

d_i——加权平均的爆破块度的线性尺寸;

L——弹道曲线的长度:

$$L = \frac{y^2}{x^2}\left[\sqrt{\frac{2x^2}{y^2}(1 + \frac{2x^2}{y^2})} + \ln(\sqrt{\frac{2x^2}{y^2}} + \sqrt{1 + \frac{2x^2}{y^2}})\right]$$

式中:y——岩块沿水平方向的飞出半径;

x——岩块升起高度。

消耗在抛掷上的总能量 E_t 为:

$$E_t = E_K + E_C$$

应用以上各关系式,得:

$$E_t = V\left\{\frac{\gamma \ln K}{2g} + \frac{2.36 \times 10^{-6} iH_y}{d_i}\left[\frac{y^2}{x^2}\sqrt{\frac{2x^2}{y^2}\left(1 + \frac{2x^2}{y^2}\right)} + \ln\left(\sqrt{\frac{2x^2}{y^2}} + \sqrt{1 + \frac{2x^2}{y^2}}\right)\right]\right\}(v_0{}^2 - 2gtv_0\sin\alpha + g^2t^2) \tag{2-5-7}$$

显然,用于破碎上的能量越少,消耗在抛掷上的能量就越多(图 2-5-3)。当岩块在抛掷过程中发生相互碰撞,或碰撞到固定障碍物(例如巷道壁面)时,部分动能可以转化为破碎功,使岩块再次破碎。在通常爆破条件下,这种破碎形式不明显,确定爆破块度时可不予考虑,但在特殊爆破条件下,例如微差爆破,则须考虑抛掷过程中的动力破碎作用。

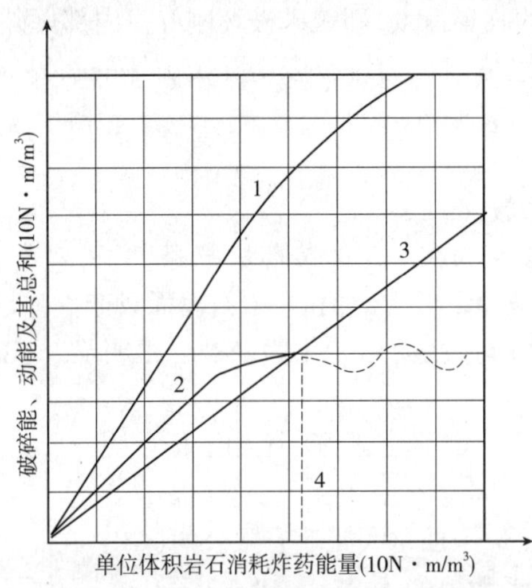

图 2-5-3 单位体积岩石消耗炸药能量的分配

1-破碎能与动能总和;2-破碎能;3-动能;4-破碎度达量大时的炸药能量

2.6 利文斯顿(Livingston C. W.)爆破漏斗理论

2.6.1 利文斯顿理论要点

利文斯顿爆破漏斗理论是以能量平衡为准则,以爆破漏斗试验为依据,阐述岩石在不同装药量、不同埋置深度等条件下的爆炸能量分配、爆破漏斗规律及其相互关系的一种爆破理论。该理论由利文斯顿于 1956 年所提出。他认为炸药在岩体内爆破时,传给岩石能量的多少和速度的快慢,取决于岩石性质、炸药性能、药包重量、炸药埋放位置的深度和起爆方式等因素。在岩石性质一定条件下,爆破能量的多少取决于炸药重量的多少,爆炸能量的释放速度与炸药起爆的速度密切相关。假设有一定重量的炸药埋于地表下某一深处爆炸,它所释放的绝大部分能量将被岩石所吸收。当岩石所吸收的能量达到饱和状态时,岩体表面开始产生位移、隆起、破坏以至抛掷出去。如果没达到饱和状态,岩石只呈弹性变形,不被破坏。也就是说,在炸药量一定的条件下,如果将药包逐渐向地表移动并靠近地表爆炸时,传给岩石的能量比率将逐渐降低,而传给空气的能量比率则逐渐增高。

2.6.1.1 四种破坏形态的划分

利文斯顿根据爆破能量作用效果的不同,将岩石爆破时的变形和破坏形态分为以下四种类型：

1）弹性变形

地表下埋置很深的药包的爆破，是爆破的内部作用，爆破时地表岩石不会遭受破坏，爆炸能量完全消耗于药包附近药室壁的压缩（粉碎）和震动区的弹性变形。如令药量不变，则当药包埋置深度减小到某一临界值时，地表岩石开始发生明显破坏。脆性岩石将发生片落，塑性岩石将"隆起"。这个药包埋置深度的临界值称为"临界深度"，并以下式表示：

$$H_L = E_b \sqrt[3]{Q} \tag{2-6-1}$$

式中：H_L——药包为 Q 时的临界深度，即爆破破坏刚好由内部爆破作用转为松动爆破作用的最大埋置深度，它表征为岩石表面开始破坏的临界值，亦即岩石不破坏而只呈弹性变形的上限值，m；

Q——炸药量，kg；

E_b——岩石变形能系数，$m/kg^{1/3}$。

利文斯顿认为，E_b 的意义为在一定的装药量 Q 条件下，岩石表面开始破裂时岩石可能吸收的最大爆破能量。爆破能量低于此值时，岩石表面只产生弹性变形而无明显破坏；超过此能量限度，则岩石表面将由弹性变形转化为破裂。很明显，E_b 的大小也是衡量岩石爆破性难易程度的一个指标。

如果岩石和炸药的性质固定不变，则 Q 值大时 H_L 值也大，Q 值小时 H_L 值也相应变小。H_L 值同 $Q^{1/3}$ 值之比保持一个固定不变的常数，这个常数就是应变能系数 E_b。相反，当岩石性质不同时，E_b 也有不同的值。加拿大工业有限公司（CIL）在一个铁矿的实测值表明，几种不同岩石（矿石）的应变能系数值的 4.875～10.875$m/kg^{1/3}$。如换用不同的炸药，则应变能系数也随之改变。

2）冲击破坏（破碎）

如果药包重量不变，埋置深度从临界深度值再进一步减小，则因抵抗线减小，地表岩石的"片落"现象更加显著，爆破漏斗体积增大。当药包埋置深度减小到某一界限值时，爆破漏斗体积达到最大值。这时的埋置深度就是冲击破坏状态的上限，称为最佳深度 H_0，此时，爆破能量有效利用率为最大。

药包埋置深度与临界深度之比称为"深度比"，并以 Δ 表示，即 $\Delta = H/H_L$，药包埋置深度 H 则可写为：

$$H = \Delta E_b \sqrt[3]{Q} \tag{2-6-2}$$

利文斯顿称此公式(2-6-2)为一般方程。

当药包埋置深度为最佳深度 H_0（m）时，$\Delta_0 = H_0/H_L$ 称为最佳深度比，则最佳深度为：

$$H_0 = \Delta_0 \cdot E_b \cdot \sqrt[3]{Q} \tag{2-6-3}$$

通过爆破漏斗试验求出 E_b 值及 Δ_0 的值，则当现场所用药量 Q 值为已知时，可以利用上式求出最适宜深度 H_0，以此作为最小抵抗线进行爆破即可获得最佳爆破效果。

Δ_0 值随岩石性质的不同而差异很大。一般在脆性岩石中 Δ_0 值较小，约为 0.5～0.55；在塑性岩石中 Δ_0 值较大，为 0.9～0.95。

3）碎化破坏（抛掷）

如果药包重量继续保持不变，药包埋置深度从最适宜深度继续减小，则地表岩石中生成的爆破漏斗体积也减小而岩石碎块的块度也更细碎，岩块抛掷距离、空气冲击波和响声更大。当药包埋置深度继续减小到某一定值时，传播给大气的爆炸能开始超过岩石吸收的爆炸能。这个埋置深度称为转折深度 H_g。

岩石呈碎化破坏状态的下限为最佳深度，上限为转折深度。在此范围内的爆破都会有或大或小的漏斗生成。

4）空气中爆炸

如药包重量继续保持不变，而药包埋置深度从转折深度值继续减小，则岩石破碎加剧，岩块抛移更远，声响更大，爆炸能量传给大气的比率更高，而被岩石吸收部分的比率更低。其下限为转折深度，上限为深度等于零，即药包完全裸露在大气中爆炸。因此可以说，空爆的上限是地表，则炸药埋深 $H=0$。从上述四种情况可以看出：

（1）空爆的下限即碎化破坏的上限，此时炸药埋深为转折深度，即 $H=H_g$。

（2）碎化破坏的下限即冲击破坏的上限，此时炸药埋深为最佳深度，即 $H=H_0$。

（3）冲击破坏的下限即弹性变形的上限，此时炸药埋深为临界深度，即 $H=H_L$。

（4）弹性变形的下限是地下深处，则 $H>H_L$。

除弹性形变外，其他三种爆炸能量做功的形态都包含爆破漏斗的形成。当药包重量 Q 值固定不变时，爆破生成漏斗的体积依埋置深度而变化。漏斗体积的大小对爆破效果有重要意义。为了弄清漏斗的特性，必须进行漏斗爆破试验，对不同埋置深度下漏斗体积进行精确测量。漏斗体积同埋置深度的关系是：埋置深度由大变小时，漏斗体积由小变大。埋置深度为最适宜深度时，漏斗体积达到最大。此后，埋置深度进一步减小，则漏斗体积又逐渐减小。

从上述四种形态来看，炸药爆炸能量消耗在以下四个方面：岩石的弹性形变，岩石的破碎，岩块的抛散以及声响、地震和空气冲击波。随药包量和埋置深度的不同，能量消耗的分配情况也不同。一般消耗在岩石弹性变形上的能量是不可避免的，消耗在岩块抛移和飞散以及产生空气冲击波、噪音和地震的能量应尽可能避免或减小。因此，根据生产爆破的要求和岩石特性，合理地确定炸药埋深（最小抵抗线）和炸药量，对于工程爆破中为获得爆破漏斗体积最大值，以提高爆破方量，有着重大的意义。

2.6.1.2 破碎过程方程

从爆破漏斗过程中可以得知，爆破漏斗体积 V 是药包埋置深度 H 的幂函数，即

$$V=f(H^3)=f(H_L^3\Delta^3)=H_L{}^3\Delta^3 \tag{2-6-4}$$

令 $\Delta^3=ABC$，则

$$V=ABCH_L{}^3=ABCE_b{}^3Q \tag{2-6-5}$$

或

$$\frac{V}{Q}=ABCE_b{}^3 \tag{2-6-6}$$

式中：A——能量利用系数，无量纲，主要由药包实际埋置深度决定；当 $H=H_0$ 时，$A=1$ 为最大值；

B——岩石、炸药性质指数，无量纲，与岩石性质和炸药性质有关；当岩石和炸药不变时，B 值随药包重量 Q 而变；如果 Q 值也不变，则进行不同埋置深度的漏斗爆破试验的 B 值等于1；

C——应力分布系数，无量纲，取决于药包形状、炮眼布置方式、装药结构、地质构造条

件等因素；药包形状为球状药包时 $C=1$ 为最大值。

利文斯顿称式(2-6-6)为破碎过程方程。

2.6.1.3　爆破漏斗特性曲线

爆破漏斗特性曲线是指漏斗体积与装药埋置深度的关系曲线，它是通过一系列的爆破漏斗试验绘制的。

利文斯顿提出了以能量平衡为准则的爆破漏斗理论之后，鲍尔、艾奇逊、杜瓦尔等人都做了大量工作。从实验室到生产现场的试验和应用，对不同炸药、不同药量、不同装药形状、不同岩石和不同埋深等各种条件进行了对比试验，用爆破漏斗特征曲线进一步确定了爆破漏斗理论的科学性和实用性。例如，在岩石种类上，从最难爆破的铁燧岩、花岗岩、玄武岩、石灰岩到易爆的页岩等十几种岩石；在炸药品种上，从爆炸性能高的 MS－80－2S 炸药、各种类型的浆状炸药到爆炸性能较低的铵油炸药；在炸药量上，从几公斤到几千吨；在炸药埋置深度上，从几米到几十米；在药包形状上有球状药包、线状(柱状)药包、平板药包等等，这一切都证明了爆破漏斗特性比较一致的爆破规律。

1) V-H 曲线

最基本的爆破漏斗特性是 $V-H$ 曲线，它是炸药一定时，随着炸药埋深 H 的变化，爆破漏斗半径 $r(r-H)$、爆破漏斗深度 $P(P-H)$ 和爆破漏斗体积 $V(V-H)$ 的变化规律。

为了探讨爆破漏斗特性与岩石物理力学性能之间的关系，美国格尼尔克(Gnirk F. F.)和菲莱德(Pfleider E. F.)在露天矿的同一种铁燧岩的五个不同分层中进行爆破漏斗试验。试验结果证明，上述岩石的爆破漏斗都有一个最优药包埋深(最小抵抗线)，与其相应的爆破漏斗半径、深度、体积为最大值。

2) $V/Q-\Delta$ 曲线

为确切表征爆破漏斗特性，排除由于炸药量变化对爆破效果的影响，可用单位药量爆出的爆破漏斗体积(V/Q，m^3/kg)做纵坐标，用炸药任意埋深 H 与临界深度 H_L 的比值($\Delta=H/H_L$)作横坐标作图，从而能明显地找到最佳深度 H_0 与临界深度 H_L 的比值($\Delta_0=H_0/H_L$)。利文斯顿在铁燧岩中做爆破漏斗试验所得特性曲线如图 2-6-1 所示。

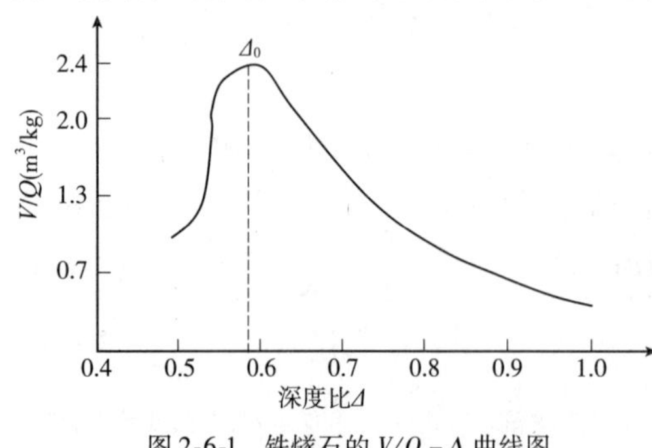

图 2-6-1　铁燧石的 $V/Q-\Delta$ 曲线图

加拿大的鲍尔(Bauer A.)对利文斯顿的爆破漏斗特性曲线做了进一步研究，他通过一系列爆破漏斗试验作出了爆破漏斗半径 r、爆破漏斗深度 P、爆破漏斗体积 V、飞石抛起高度 B、空爆响声 d 与不同深度比 Δ 的关系曲线，并把利文斯顿所划分的四个形态加以发展，将碎化破坏细分为原生破坏和次生破坏；对塑性岩石，将冲击破坏改为隆起破坏，并细分为鼓起破坏和断裂破坏。

3) $V/Q^{1/3}-H/Q^{1/3}$ 曲线

在实际爆破试验中，由于岩石条件的复杂性，很难准确测定出临界深度 H_L，加之每次测定也非常麻烦，所以可以用比值深度(即任意深度 H 与炸药量三分之一次幂之比值 $H/Q^{1/3}$)来代替深度比 Δ 做横坐标，并以比值漏斗半径($r/Q^{1/3}$)、比值漏斗深度($P/Q^{1/3}$)、比值漏斗体积($V/Q^{1/3}$)分别做纵坐标,这样的关系曲线更能全面地、方便地表征爆破漏斗特性。

美国矿业局根据利文斯顿爆破漏斗理论,研究了各种岩石和材料的爆破漏斗特性,在爆破现场和实验室做了大量试验。如杜瓦尔和艾奇逊(Duvall W. I. ,Atchison T. C)在矿山现场对花岗岩、砂岩、泥土岩和岩盐进行了爆破漏斗试验;艾奇逊又在实验室内对花岗岩、石灰岩、混凝土试块和塑料试块进行了模拟爆破漏斗试验。

4)$V/Q^{0.3}-H/Q^{0.3}$曲线

近年来,美国为了工程和军事试验的需要,进行了大药量爆破试验,药量从1~30t。由于爆破漏斗体积很大,回落碎石太多,清理碎石测定真实漏斗体积很困难,且由于药量很大,对爆破漏斗尺寸变化的影响也很大,所以,采用可见爆破漏斗的尺寸代替真实漏斗尺寸。显然,可见漏斗的半径、深度和体积都比真实漏斗的小。

根据多次爆破试验记录的结果比较认为,计算比值漏斗半径、比值深度、比值体积、比值炸药埋深的分母时,不应采用炸药量的1/3次方,而应采用炸药量的1/3.3次方,近似地为0.3次方(即$Q^{0.3}$)更为方便。

5)爆破漏斗特性曲线带(区域)

由于岩石的各向异性和不均质性,特别是生产现场岩体结构原生裂隙与多次爆破次生裂隙的影响,以及对爆破岩块块度大小的标准不同等因素的影响,虽然炸药埋深条件相同,但爆破漏斗半径、可见深度等数据不可能为某一定值,而是有一个波动范围。美国密苏里大学克拉克教授(Clark C. B.)、加拿大皇后大学鲍尔教授(Bauer A.)将利文斯顿的爆破漏斗特性曲线发展为特性曲线带(成为一定宽度的区域)。图2-6-2即鲍尔绘制的露天矿花岗岩爆破漏斗特性带图。

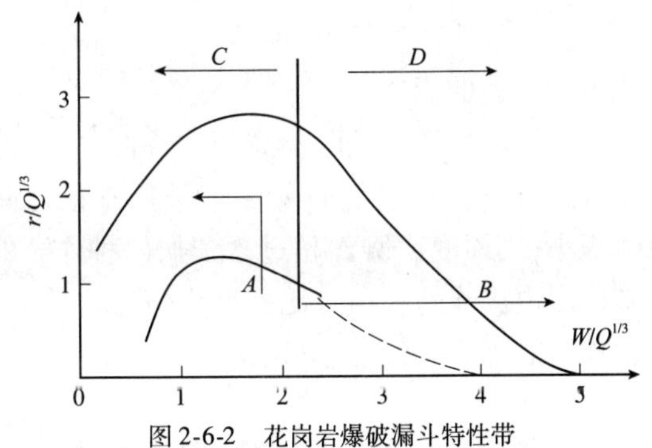

图2-6-2 花岗岩爆破漏斗特性带

A-完全破坏;B-不完全破坏,留根底;C-小块爆堆;D-大块爆堆

鲍尔认为,当比值最小抵抗线($W/Q^{1/3}$,m/kg$^{1/3}$)等于1.5~2.5时,比值漏斗半径($r/Q^{1/3}$,m/kg$^{1/3}$)最大,此时的爆破效果最好,岩体被完全破坏,块度小而均匀;如果增大比值最小抵抗线,则大块增多、岩体的破坏则不完全,留有根底。而且,为了便于对比各种岩石的爆破特性,在计算参数分母$Q^{1/3}$中的Q值时,最好采用以铵油炸药的有效药量为标准。

2.6.2 利文斯顿爆破理论的实际应用

利文斯顿爆破漏斗理论是建立在一系列实验基础之上的,比较接近于实际,故在爆破工程中得到一定程度的应用。

爆破漏斗试验是利文斯顿爆破理论的基础。首先,根据爆破漏斗试验的有关数据可以合理选择爆破参数,提高爆破效率;其次,对不同成分的炸药进行爆破漏斗试验,对比分析,可以改进炸药的品种和性能,可以研制出威力高、成本低的新型炸药;再者,因为利文斯顿的变形能系数可以作为岩石爆破性分级的参考判据,这有利于建立岩石特性数据库,为爆破优化打下良好基础。

2.6.2.1 对比、改进炸药性能,研制新型炸药

用爆破漏斗试验代替习惯沿用的铅铸测定爆力法。根据式(2-6-1),在同一种岩石中,炸药量 Q 一定,但炸药种类不同,进行爆破漏斗试验。炸药威力大,传给岩石的能量高,则其临界深度 H_L 值比较大;反之,炸药威力小,其临界深度也小。由于 H_L 值之不同,E_b 值也不一样,因此可以对比各种不同成分炸药的爆炸性能。

美国道氏炸药公司为改进炸药成分进行试验时,将利文斯顿公式的同一炸药重量改为同一炸药体积,在相等体积基础上对比各种炸药的性能。于是,对比炸药性能可用下列公式计算:

$$H_L = E_b \cdot Q^{1/3} = E_b (\rho V_e)^{1/3} = kV_e^{1/3} \tag{2-6-7}$$

式中:V_e——炸药体积,m^3;

ρ——炸药密度,kg/m^3;

Q——炸药量,$Q=\rho V_e$;

k——等体积的漏斗常数,或称为爆破漏斗体积系数,$k=E_b\rho^{1/3}$。

例如,用两种炸药——半胶质炸药和含铝粉的铵油炸药做爆破漏斗试验,绘制利文斯顿漏斗特性曲线,爆破漏斗体积 V 随炸药埋深 H 的不同而变化,它有一个最佳值(最佳深度),该处的爆破漏斗体积最大(曲线顶点),亦即单位炸药消耗量最低。通常,可以用它作为直接对比各种炸药的标准。

为了更清楚地比较两种炸药的特性曲线,将横坐标用深度比 Δ 代替炸药埋深 H,纵坐标用 $k(\Delta)=V/H_L^3$ 代替爆破漏斗体积 V,在最佳深度比 Δ_0 处的爆破效果最好,若小于 Δ_0,则比值体积小;当深度比值 Δ 超过 Δ_0 时,两种炸药的比值体积均迅速减少。

美国道氏炸药公司对比各种炸药爆炸性能时,在相同爆破试验深度比 Δ 的条件下对比各种炸药的 V/H_L^3 值,互呈比例,即

$$V_1/H_{L_1}^3 = V_2/H_{L_2}^3 \quad 或 \quad V_1/V_2 = H_{L_1}^3/H_{L_2}^3 \tag{2-6-8}$$

式中:V_1,V_2——两种炸药的爆破漏斗体积;

H_{L_1},H_{L_2}——两种炸药的漏斗临界深度。

式(2-6-8)表明两种炸药的爆破漏斗临界深度三次方之比等于爆破漏斗体积之比,故可用 H_L^3 值对比不同炸药的爆炸性能。因为

$$H_L = kV_e^{1/3} \quad 或 \quad V_e = H_L^3/k^3$$

当两种炸药体积 V_e 相同时,则

$$V_{e1} = V_{e2} = H_{L_1}^3/k_1^3 = H_{L_2}^3/k_2^3$$

即

$$H_{L_1}^3/H_{L_2}^3 = k_1^3/k_2^3 \tag{2-6-9}$$

它表示直接用 k^3 来对比各种炸药的爆炸性能。k^3 值(或 H_L值)越大,则炸药威力越大;反之,k^3 值越小,则炸药威力越小。

但是鲍尔认为,用 H_L^3 值作为对比的判据,往往结果偏大。因为岩石从弹性变形起要吸收较大的能量才能达到破坏,所以用最佳深度 H_0 的立方之比来作判据比较确切,可由下式求得:

$$H_0 = \Delta_0 kV^{1/3} \tag{2-6-10}$$

式中:k——等体积的漏斗常数,用它来代表一般试验的弹性变形能系数 E_b。

美国道氏公司在花岗岩中分别用几种炸药做了爆破漏斗试验，取得大量有用的对比数据，在数据对比的基础上，研制出了成本低、威力高的新型炸药。

2.6.2.2 用弹性变形能系数 E_b 评价岩石的爆破性

按照利文期顿的基本公式：$H_L = E_b Q^{1/3}$ 在选定炸药品种、炸药量为常数时，根据炸药的临界埋深可求出不同岩石种类内该种岩石的变形能系数，即：

$$E_b = H_L / Q^{1/3} \tag{2-6-11}$$

当 $Q=1$ 时，可以认为单位质量炸药（如 1kg）的弹性变形能系数 E_b 在数值上等于临界深度 H_L 之值。对于韧性岩石，1kg 炸药爆破的 H_L 值必然较小，弹性变形能系数 E_b 值也较小，说明消耗能量大，故岩石难爆；对非坚韧性的岩石，单位炸药量的临界深度 H_L 值必然较大，弹性变形能系数 E_b 值也较大，表明吸收的能量小，故非坚韧性岩石易爆。所以，可以用弹性变形能系数 E_b 作为对比岩石爆破性的判据。

例如，加拿大铁矿公司用浆状炸药（Hydromex）进行爆破漏斗试验，花岗岩 $E_b=5$，铁矿层 $E_b=4.26$，冻表土 $E_b=1.97$。如上所述，这说明冻表土最难爆，铁矿层次之，花岗岩最难爆。

另一方面，可以将 $H=E_b Q^{1/3}$ 与常用计算炸药量公式 $Q=qV=qw^3$ 对比，最小抵抗线 w 相当于炸药埋深 H，则：

$$E_b = 1/q^{1/3} \tag{2-6-12}$$

即岩石弹性变形能系数 E_b 与炸药单耗 q 成反比关系。它表明：E_b 大 q 小，则该岩石易爆；反之，E_b 小 q 大，则该岩石难爆。

因此，可以利用岩石弹性变形能系数来表示岩石爆破难易的程度。经过进一步研究之后，有可能用其作为岩石爆破性分级的标准。在生产上可以进一步试验，以求得最佳深度（最小抵抗线）和其他凿岩爆破参数。

2.6.2.3 利文斯顿爆破漏斗理论在工程爆破中的应用

1）露天台阶深孔爆破

在露天台阶爆破设计中，如果岩石性质、炸药品种和炸药量等因素中有一个变化时，可以根据其变化函数关系，求得其余相应的爆破参数。因为，按利文斯顿的计算公式有：

$$\begin{cases} \text{临界深度：} & H_L = E_b Q^{1/3} \\ \text{最佳深度比：} & \Delta_0 = H_0 / H_L \\ \text{最佳深度：} & H_0 = \Delta_0 E_b Q^{1/3} = E_j Q^{1/3} \end{cases}$$

即两种药量 Q_1、Q_2 的关系为：$\begin{cases} H_{01} = \Delta_0 E_b Q_1^{1/3} = E_j Q_1^{1/3} \\ H_{02} = \Delta_0 E_b Q_2^{1/3} = E_j Q_2^{1/3} \end{cases}$

式中：E_b，E_j——岩石变形能系数及爆破常数。这里，$E_j = \Delta_0 E_b$。 (2-6-13)

对同一种岩石，E_b、E_j 均为常数。当已知某一岩石用药量 Q_1，其最佳深度为 H_{01}，当药量增加或减少为 Q_2 时，则可按上述关系式求得：

$$H_{02} = H_{01}\left(\frac{Q_2^{1/3}}{Q_1^{1/3}}\right) \tag{2-6-14}$$

据此即可求算出相应的孔距等爆破参数。

例如，有人认为，把 H_0 作为露天爆破台阶边坡上的抵抗线（即最小抵抗线或近似底盘抵抗线）W，则：

$$\begin{cases}\text{孔距：} & a=(1.0\sim1.4)W \\ \text{超深：} & h=(0.15\sim0.35)W\end{cases}$$

上部抵抗线：$W^*=(1.2\sim1.4)W$。

2）露天开沟药室爆破

美国一些公司曾将该理论应用在大型土建工程爆破、修筑运河河道或在山区、丘陵地带修筑公路、开挖铁路路堑等方面。

例如，在泥质页岩中爆破开挖一段运河河床的过程：

第一步，在群药包设置施工之前，先进行单药包爆破漏斗试验，求出单漏斗的爆破特性曲线和最佳埋深，按爆破相似定律求出装药量、装药深度（最小抵抗线）和药包间距。

第二步，爆破一排 5 个药室，其中 3 个 20t，两个 40t，同时起爆后炸出一条长 147m 的槽沟。

第三步，爆破一排 7 个 30t 的药包，平均炸药埋深 15m，药包间距 26m。群药包齐发爆破后炸出一条长 183m，宽 57m，深 14m 的槽沟。

于是，两次爆破的槽沟连贯一起，完成了全长 330m 运河河床的爆破开挖工作。

3）深孔爆破掘进天井

深孔爆破掘进天井中用球形药包漏斗爆破法比空孔掏槽、预裂抛碴掏槽和分段拉槽等方法有更大的优越性，爆破效果显著。VCR 法即垂直大直径深孔球形药包爆破漏斗后退式采矿方法，是美国利文斯顿爆破理论和 Lang L. C. 实践应用的结果，它改变了一般炮孔内长条装药爆破的破碎过程，提供了控制爆破作用的有利条件，是常规爆破技术的一个新发展。

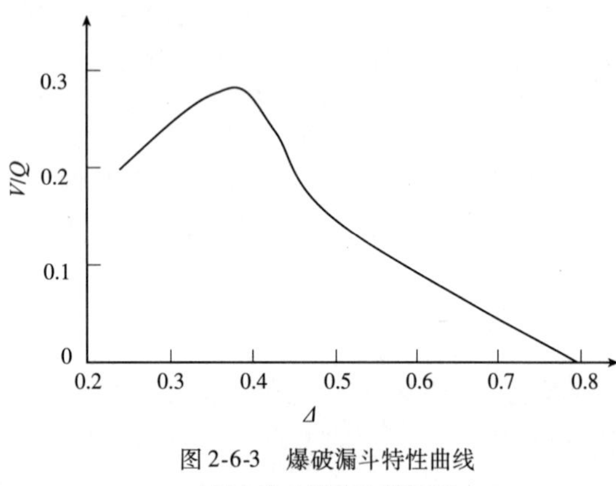

图 2-6-3　爆破漏斗特性曲线
（湖南某矿爆破天井试验）

例如：湖南某矿通过爆破漏斗试验，绘制出合理的爆破漏斗的特性曲线（即单位炸药破碎体积 V/Q 与深度比 $\Delta=H/H_L$ 的关系曲线），如图 2-6-3 所示，试验药包质量 4.5kg，求得：

最佳深度：$H_0=1.38$m；

临界深度：$H_L=3.27$m；

最佳深度比 $\Delta_0=1.38/3.27=0.42$；

岩石变形能系数 $E_b=3.27/4.5^{1/3}=1.96$。

根据所求的 Δ_0 和 Δ_b 值，计算出实际爆破药包质量时的实际最佳埋深及其他爆破参数。

该矿采用 KY－120 型地下牙轮钻打深孔，孔径 120mm；采用 CLH－2 型乳化炸药，密度 1.42g/cm^3，爆速 4729m/s；每个药包长 0.75m，重 12kg，其最佳深度为：$H_0=\Delta_0 E_b Q^{1/3}=0.42\times1.96\times12^{1/3}=1.9$(m)该掘进天井断面为正方形。共布置 5 个深孔，即中心孔 1 个，四个角孔（图 2-6-4）。中心孔至角孔的距离：

$$a=(0.55\sim0.7)H_0=(0.55\sim0.7)\times1.9=1.1\sim1.33\text{m}$$

天井断面的边长：

$b=\sqrt{2}a=1.56\sim1.88\text{m}$

每次爆破分层高度：

$H=H_0+l/2=1.9+0.75/2=2.3\text{m}$。

深孔爆破天井的掏槽孔和角孔均用球形药包，其能量利用率高，分层高度合理，向下爆落，大块减少，块度均匀。漏斗掏槽，不用大直径中孔，可节省大量凿岩费用和时间。

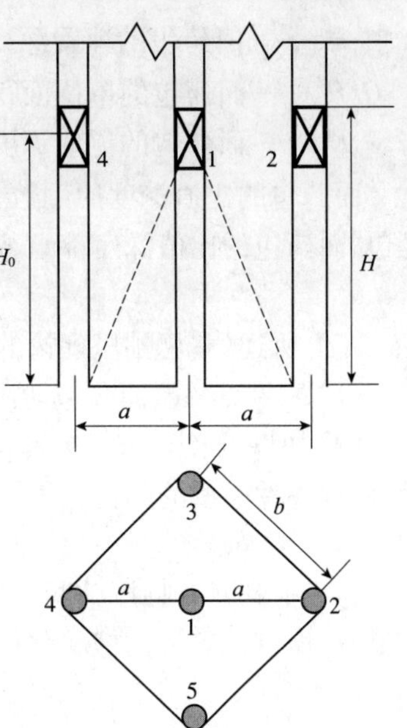

图 2-6-4　球状药包漏斗爆破掘进天井的药包布置

2.6.3　利文斯顿爆破理论的发展

利文斯顿爆破理论是按球状集中药包（长径比小于6）作为试验的基础，但在生产上常用长柱状条形药包（长径比大于6）进行爆破。

美国雷德帕思提出，将球状集中药包看成点药包，把单孔柱状长条药包视为线药包，把成排炮孔柱状装药视为平面药包，从几何相似和量纲原理找出点、线、面药包之间的相关关系：

1）点药包

$$\begin{cases}E_d=H_d/Q^{1/3}\\H_d=K_d\cdot Q^{1/3}\end{cases}\tag{2-6-15}$$

式中：K_d——点药包的比值深度，$\text{m/kg}^{1/3}$；

H_d——点药包埋置深度，m；

Q——集中药包装药量，kg。

用量纲表示：
$$[H_d]=[K_d][Q^{1/3}]=[H_d/Q^{1/3}][Q^{1/3}]\tag{2-6-16}$$

即：
$$[H_d]=[H_d{}^3/Q]^{1/3}[Q^{1/3}]$$

而
$$K_d=[H_d{}^3/Q]^{1/3}$$

2）线药包（其轴线与地面平行）

根据点药包的相应量纲，方程应为：

$$[H_x]=[H^3/Q]^m[Q/H]^n\tag{2-6-17}$$

式中：H_x——线药包埋置深度，m；

Q/H——线药包单位长度质量，kg/m。

按照量纲原理，指数 m、n 均等于1/2，所以

$$[H_x]=[H^3/Q]^{1/2}[Q/H]^{1/2}\tag{2-6-18}$$

而线药包的比值深度：
$$[K_x]=[H^3/Q]^{1/2}\tag{2-6-19}$$

3）面药包（最大面与地面平行）

根据点药包、线药包的相应量纲，方程应为：

$$[H_m]=[H^3/Q][Q/H^2]\tag{2-6-20}$$

$$K_m=[H^3/Q]\tag{2-6-21}$$

式中：H_m——面药包的埋置深度，m；

Q/H^2——面药包的单位面积药量，kg/m²；

K_m——面药包的比值深度。

面药包的比值深度的倒数为 Q/H^3，相当于单位炸药消耗量 $q=Q/V$。又根据点药包、线药包、面药包的比值深度都与 H^3/Q 密切相关，那么就必须满足下列条件：

$$[K_d]^3=[K_x]^2=[K_m] \qquad (2\text{-}6\text{-}22)$$

综上所述，雷德帕思理论的实质是：

(1)如果点、线、面药包能满足式(2-6-22)的要求，则其装药量是等效的。

(2)如果点、线、面药包具有相同的 H^3/Q 值，即单位耗药量可取点药包的最优单位耗药量，而且各种类型的药包比值深度也能满足式(2-6-22)要求，则其爆破效果相同，炸药单耗：

$$[q]=[K_d]^{-3} \qquad (2\text{-}6\text{-}23)$$

为了把利文斯顿爆破漏斗理论应用于炮孔柱状药包爆破，有人认为，应当将炮孔装药的药量 Q_1 换算成等效的球状集中装药的药量 Q_2，即：

$$Q_2=KQ_1 \qquad (2\text{-}6\text{-}24)$$

式中：K——"等值药量系数"，可由理论计算或实验求得。当柱状药卷长径比为 10 时，$K=0.7$，药卷长径比越大，K 值相应越小。

确定等效球状集中装药 Q_2 之后，利用相似定律计算爆破现场的最佳深度 H_P，即：

$$H_0/H_P=Q^{1/3}/Q_2^{\;1/3} \qquad (2\text{-}6\text{-}25)$$

或

$$H_P=H_0\cdot Q_2^{1/3}/Q^{1/3} \qquad (2\text{-}6\text{-}26)$$

式中：Q——试验爆破所用的药量；

H_0——装药量为 Q 条件下的最佳深度；

H_P——爆破现场需要采用的最佳深度，即最佳最小抵抗线。为使爆破岩块不致过大，可将 H_P 值乘以 90% 作为最终选用的最小抵抗线。

利文斯顿爆破理论是建立在能量平衡准则及实际爆破试验基础上的，经几十年来的试验研究和实际应用，现仍在不断改进与完善中。

2.7 隧道光面爆破

光面爆破是先爆除主体开挖部位的岩体，然后再起爆布置在设计轮廓线上的周边孔药包，将光爆层炸除，形成一个平整的开挖面，是通过正确选择爆破参数和合理的施工方法，达到爆后壁面平整规则、轮廓线符合设计要求的一种控制爆破技术。光面爆破是隧道掘进中的一种新爆破技术，它是控制爆破中的一种方法，目的是使爆破后留下的隧道围岩形状规则，符合设计要求，具有光滑表面，损伤小，保持稳定等优点。光面爆破只限于断面周边一层岩石(主要是顶部和两边)，所以又称轮廓爆破或周边爆破。

在隧道中应用光面爆破具有以下优点：

(1)能减少超挖，特别是松软岩层中更能显示其优点；

(2)爆破后成型规整，提高了隧道轮廓质量；

(3)爆破后隧道轮廓外的围岩不产生或产生很少的爆震裂缝，提高了围岩的稳定性和自

身的承载能力,不需要或很少需要加强支护,减少了支护工作量和材料消耗;

(4)能加快隧道掘进速度,降低成本,保证施工安全。

2.7.1 光面爆破原理

光面爆破的实质是在隧道掘进设计断面的轮廓上布置间距较小、相互平行的炮眼,控制每个炮眼的装药量选用低密度和低爆速的炸药,采用不耦合装药,同时起爆,使炸药的爆炸作用刚好产生炮眼连线上的贯穿裂缝,并沿各炮眼的连线(隧道轮廓线)将岩石崩落下来。关于裂缝形成的机理有以下两种观点:

1)应力波叠加原理

在光学材料模型试验中,当相邻两装药孔同时爆破时,应力波在两炮孔的连心线方向产生叠加,两相邻装药孔爆炸时,各自产生的应力波沿装药连线相向传播,经一定时间后孔壁处达到峰值,其后则由于应力波的相互干扰,装药连心线中点处的应力开始增大,达最大值后再逐渐减少。为形成贯穿裂缝,在相邻装药连线中点上产生的拉应力等于岩石的抗拉强度即可。

2)应力波与爆炸气体共同作用原理

只有在相邻两装药几乎同时爆炸的条件下,才有可能发生应力波的叠加。实际上,由于起爆器材存在误差,难以保证两相邻炮孔同时起爆,因此也就难以保证上述应力波在连心线中点的叠加及其效应。这样,贯穿裂缝的形成,是基于各装药爆炸所激起的应力波先在各炮眼壁上产生初始裂缝,然后再在爆炸气体静压作用下使之扩展贯穿,最终形成的贯穿裂缝。由于岩石中的应力波在两炮孔连心线上叠加,则产生的切向应力使初始裂纹延长,即炮孔连心线上出现较长裂纹的几率较大,为光面的形成提供了条件。

2.7.2 光面爆破的技术要点与参数设计

1)技术要点

要使光面爆破取得良好效果,一般需掌握以下技术要点:

(1)根据围岩特点,合理选定周边眼的间距和最小抵抗线,尽最大努力提高钻眼质量。

(2)严格控制周边眼的装药量,尽可能将药量沿眼长均匀分布。

(3)周边眼宜使用小直径药卷和低猛度、低爆速的炸药。为满足装结构要求,可借助导爆索(传爆线)来实现空气间隔装药。

(4)采用毫秒微差有序起爆。要安排好开挖程序,使光面爆破具有良好的临空面。

(5)边孔直径小于等于50mm。

2)参数设计

预裂爆破和光面爆破的参数设计一般采用工程类比法,并通过现场试验最终确定。

(1)预裂爆破参数。

①孔径　明挖工程为70~165mm;隧洞开挖为40~90mm;大型地下厂房为50~110mm。

②孔距　与岩石特性、炸药性质、装药情况、开挖壁面平整度要求和孔径大小有关。孔距一般为孔径的7~12倍。爆破质量要求高、岩质软弱、裂隙发育者取小值。

③装药不耦合系数　不耦合系数指炮孔半径与药卷半径的比值,为防止炮孔壁的破坏,该值一般取2~5。

④线装药密度　线装药密度是单位长度炮孔的平均装药量。影响预裂爆破参数的因素复

杂,很难从理论上推导出严格的计算公式,以经验公式为主,目前国内较常用公式的基本形式为:

$$Q_X = k\,[\sigma_C]^{\alpha}\,[a]^{\beta}\,[d]^{\gamma} \tag{2-7-1}$$

式中: Q_X——预裂爆破的线装药密度,kg/m;

σ_C——岩石的极限抗压强度,MPa;

a——炮孔间距,m;

d——钻孔直径,mm;

k、α、β 和 γ——经验系数。

随岩性不同,预裂爆破的线装药密度为 200 ~ 500g/m。为克服岩石对孔底的夹制作用,孔底段应加大线装药密度到 2 ~ 5 倍。

(2)光面爆破参数。

①光面爆破层厚度　即最小抵抗线的大小,一般为炮孔直径的 10 ~ 20 倍,岩质软弱、裂隙发育者取小值。

②孔距　一般为光面爆破层厚度的 0.75 ~ 0.90 倍,岩质软弱、裂隙发育者取小值。

③钻孔直径及装药不耦合系数　参照预裂爆破选用。

④线装药密度 Q_X　一般按照松动爆破药量计算公式确定。

$$Q_X = qaW \tag{2-7-2}$$

式中:q——松动爆破单耗,kg/m;

a——光面爆破孔间距,m;

W——光面爆破层厚度,m。

2.7.3 炮眼布置

1)按用途不同,将工作面的炮眼分为三种

(1)掏槽眼用于爆出新的自由面,为其他后爆炮眼创造有利的爆破条件。

(2)崩落眼是破碎岩石的主要炮眼。崩落眼利用掏槽眼和辅助眼爆破后创造的平行于炮眼的自由面,大大改善了爆破条件,故能在该自由面方向上形成大体积的破碎漏斗。

(3)周边眼控制爆破后的隧道断面形状、大小和轮廓,使之符合设计要求。隧道中的周边眼按其所在的位置分为顶眼、帮眼和底眼。在隧道开挖过程中,在掘进工作面上,总是首先钻少量炮眼,装药起爆后,形成一个适当的空腔,作为新的临空面,使周围其余部分的岩石,都顺序向这个空腔方向崩落,以获得较好的爆破效果。这个空腔通常称为掏槽。掏槽眼爆破时,是处于一个自由面的条件下,破碎岩石的条件非常困难,而掏槽的好坏又直接影响了其他炮眼的爆破效果,它是隧道掘进爆破的关键。因此,必须合理选择掏槽形式和装药量,使岩石完全破碎形成槽腔和达到较高的槽眼利用率。

2)布置形式

掏槽爆破炮眼布置有许多不同的形式,归纳起来可分为两大类:斜眼掏槽和直眼掏槽。

(1)斜眼掏槽

其特点是掏槽眼与自由面倾斜成一定角度。斜眼掏槽有多种形式,各种掏槽形式的选择主要取决于围岩地质条件和掘进面的大小。常用的主要有单向掏槽、锥形掏槽、楔形掏槽、扇形掏槽四种。

(2)直眼掏槽

直眼掏槽的特点是所有炮眼都垂直于工作面而且相互平行,距离较近。其中有一个或几个不装药的孔眼。空眼的作用是给装药眼创造自由面和作为破碎岩石的膨胀空间。直眼掏槽常用的形式有缝隙掏槽、角柱状掏槽、螺旋掏槽、双螺旋掏槽等四种。

3)直眼掏槽的优缺点

(1)优点

直眼掏槽使炮眼垂直于工作面布置,方式简单,易于掌握和实现多台钻机同时作业和钻眼机械化;炮眼深度不受隧道断面的限制,可以实现中深孔爆破;当炮眼深度改变时,掏槽布置可不变,只需调整装药量即可;有较高的炮眼利用率;岩石的抛掷距离较近,爆堆集中,不宜崩坏隧道内的设备和支架。

(2)缺点

其缺点是需要较多的炮眼数目和较多的炸药;炮眼间距和平行度的误差对掏槽效果影响较大。

4)直眼掏槽和斜眼掏槽的适用条件

在隧道爆破施工过程中,选择在某一施工条件下合理的掏槽形式,应考虑以下几个方面的因素:地质条件的适应性、施工技术的可行性、爆破效果的可靠性和经济合理性等,以获得良好的掏槽效果。

根据以上几个方面的条件将上述两大类掏槽的适用条件加以对比,见表2-7-1。

直眼掏槽和斜眼掏槽的适用条件 表2-7-1

序号	选用条件	直眼掏槽	斜眼掏槽
1	开挖断面大小	大小断面均可,小断面更优	大断面较适用
2	地质条件	韧性岩石不适用	各种地质条件均可
3	炮眼深度	不受断面大小限制	受断面大小限制,不宜太深
4	对钻研要求	钻眼精度影响大	相对来说可稍差些
5	爆破材料消耗	炸药、雷管用量多	相对较少
6	施工条件	钻眼互相干扰小	钻机大
7	爆破效果	爆堆较集中	抛渣远,宜损坏设备

2.7.4 炮眼布置的方法和原则

(1)首先选择适当的掏槽方式和掏槽位置,其次是布置好周边眼,最后根据断面大小布置崩落眼。

(2)掏槽眼通常布置在断面的中央偏下。

(3)周边眼一般布置在断面轮廓线上。按光面爆破要求,各炮眼要相互平行,眼底落在同一平面上。

(4)崩落眼是以槽腔为自由面而层层布置的,均匀地分布在被爆岩体上,并根据断面大小和形状调整好最小抵抗线和邻近系数。崩落眼最小抵抗线 W 可按下式计算:

$$W = r_c \sqrt{\frac{\pi \varphi \rho_0}{mq\eta}} \tag{2-7-3}$$

式中：φ——装药系数；

ρ_0——炸药密度；

m——炮眼邻近系数，通常取0.8～1.0；

q——单位耗药量；

r_c——装药半径；

η——炮眼利用率。

同层内崩落层间距为：

$$E = mW$$

2.7.5 装药结构与起爆

1）装药结构

（1）堵塞段　堵塞段的作用是延长爆生气体的作用时间，且保证孔口段只产生裂缝而不出现爆破漏斗，对深孔爆破该段长取0.5～1.5m。

（2）孔底加强段　段长大体等于堵塞段。由于孔底受岩石夹持作用，故需用较大的线装药密度。

（3）均匀装药段　该段一般为轴向间隔不偶合装药，并要求沿孔轴线方向均匀分布。轴向间隔装药须用导爆索串联各药卷起爆。为保证孔壁不被粉碎，药卷应尽量置于孔的中心。国外一般用炮孔中心定位器定位，国内一般是将药卷及导爆索绑于竹片进行药卷定位。

2）起爆

为保证同时起爆，预裂爆破和光面爆破一般都用导爆索起爆，并通常采用分段并联法。

由于光面爆破孔是最后起爆，导爆索有可能遭受超前破坏。为保证周边孔准爆，对光面爆破孔可采用高段延期雷管与导爆索的双重起爆法。预裂孔若与主爆区炮孔组成同一网路起爆，则预裂孔应超前第一排主爆孔75～100ms起爆。

2.7.6 质量控制标准

（1）开挖壁面岩石的完整性用岩壁上炮孔痕迹率来衡量，炮孔痕迹率也称半孔率，为开挖壁面上的炮孔痕迹总长与炮孔总长的百分比率。在水电部门，对节理裂隙极发育的岩体，一般应使炮孔痕迹率达到10%～50%；节理裂隙中等发育者应达50%～80%；节理裂隙不发育者应达80%以上。围岩壁面不应有明显的爆生裂隙。

（2）围岩壁面不平整度（又称起伏差）的允许值为±15cm。

（3）在临空面上，预裂缝宽度一般不宜小于1cm。实践表明，对软岩（如葛洲坝工程的粉砂岩），预裂缝宽度可达2cm以上，而且只有达到2cm以上时，才能起到有效的隔震作用，但对坚硬岩石，预裂缝宽度难以达到1cm。东江工程的花岗岩预裂缝宽仅6mm，仍可起到有效隔震作用。地下工程预裂缝宽度比露天工程小得多，一般仅达0.3～0.5cm。因此，预裂缝的宽度标准与岩性及工程部位有关，应通过现场试验最终确定。

影响轮廓爆破质量的因素，除爆破参数外，主要依赖于地质条件和钻孔精度。这是因为爆生裂缝极易沿岩体原生裂隙、节理发展，而钻孔精度则是保证周边控爆质量的先决条件。

2.8 工程爆破理论研究的发展趋势

关于工程爆破理论的发展现状,本书绪论中已有所提及。本节主要介绍工程爆破理论研究中存在的主要问题及工程爆破理论研究的发展趋势。

2.8.1 传统爆破理论研究中存在的问题

从本章介绍的工程爆破理论研究内容和研究成果不难看出,对于爆破理论的研究,除需要爆炸力学、岩石力学、钢筋混凝土理论及数学等学科专业理论外,主要采用材料力学、理论力学、结构力学、流体力学、弹性力学、弹塑性力学、黏弹塑性力学和近年来发展起来的断裂力学和损伤力学的相关知识。也就是说,对爆破理论的研究,主要是力学对于"炸药爆炸与爆破对象相互作用"这样一个复杂而特殊研究系统的具体运用,首先研究爆体的力学特性,进而研究爆体在爆炸荷载作用下发生破坏的规律(以应力、应变、位移、冲量、能量等力学参数进行分析并作为破坏判据)。

如前所述,虽然国内外爆破学者利用传统力学知识对工程爆破理论进行了大量研究,提出了各中各样的理论和假说,但这些理论观点各异,有些相互矛盾,有些互相渗透,有些不够全面,存在片面性,而且大部分视爆体为连续均匀的介质,与实际情况尚有一定差距。而且由于研究系统的复杂性、模糊性、不确定性及介质的不均匀性,就必然带来一些误差,甚至不完全符合实际。而且用上述传统力学所建立的确定性计算模型(Deterministic Model)难以表征爆破中大量存在的不确定性复杂问题。

2.8.2 工程爆破理论研究的发展趋势

为了使理论更加符合实际,目前国内外在爆破理论的研究中已引入了一些新思想、新方法,使爆破理论的研究更趋科学化、实用化和计算机化,从而将减少宏观判断中的人为因素影响,使理论与实际相吻合。

目前,国内外对工程爆破理论的研究趋势主要体现在以下几个方面。

2.8.2.1 深入开展对裂隙岩体爆破破碎规律的研究

从1978年美国马里兰大学研究裂隙岩体的爆破作用理论为起点,通过大量实验室和现场试验,对裂隙岩体的爆破破碎进行了规律深入的研究。特别是进入80年代后,由于观测技术的进步,使人们逐渐认识到岩体的结构面控制着岩体的破碎,它们远大于爆破作用力直接对岩体的破坏。目前对结构体的破坏主要在以下两方面进行研究:

(1)岩体结构控制理论;

(2)裂隙岩体中主结构面的作用。

2.8.2.2 工程爆破理论的研究进入一个崭新的阶段

自20世纪80年代以来,在工程爆破理论研究中引入一些新思想和新方法,例如把爆破过程视为一复杂的系统工程,在研究方法上利用60年代发展起来的系统工程、信息论、控制论;70年代发展起来的耗散结构论、突变论及非线性理论等;80年代发展起来的数值方法(Numerical Method(NMM))和中国留美学者石根华博士提出的非连续变形分析法(Discontinuous Deformation Analysis(DDA)),同时引入概率论与数理统计、模糊数学、灰色系统、分形几何(Fractal Geometry)等不确定性模型(Vn - Deterministic Model)理论,用不确定模型解决复杂的工程爆破中的不确定性问题已有可能,使工程爆破理论的研究进入一个崭新的阶段。

1)研究表面

用不确定理论解决研究系统的复杂性、模糊性、不确定性及介质的不均匀性,爆破系统的复杂性、模糊性、不确定性及介质的不均匀性主要表现在以下方面:

(1)爆体(如岩石、钢筋混凝土等)本身具有不均匀性,其力学性质非常复杂。对于复杂裂隙系统的分布问题,在理论上讲,只要采用足够多的测点其精度是可以解决的,但由于爆体出露条件的限制,使人们难以对其系统的几何参数进行系统的确定性描述;

(2)有限的试验数据难以覆盖分布极不均匀的整体过程特性;

(3)爆破工程的模糊性、随机性导致计算结果的不确定性。影响爆破效果的因素是多方面的,包括爆体结构、性质、炸药性能、爆破参数等,由于爆体的复杂性、炸药参数的易变性和爆破参数的多样性就使赖以上述参数建立的计算模型产生极大的不确定性,导致测量、计算精确性与岩体性状等因素客观判断的模糊性、随机性之间的矛盾更加突出。

解决工程爆破中的不确定问题。若只靠提高单项试验精度和规模来完善确定性模型是远远不够的。以往的爆破力学数值分析均借用弹性力学、弹塑性力学、黏弹塑性力学和近年发展的断裂力学、损伤力学所建立的确定性计算模型(Deterministic Model)。实践证明,由于工程爆破中大量不确定性问题的存在,确定性模型就难以表征复杂的爆破系统工程。因此,近年来不确定模型解(Vn - Deterministic Model)愈来愈引起人们的重视。在工程爆破中引入概率和数理统计,模糊数学,灰色系统,分形理论等不确定性理论,将大大减少宏观判断中的人为因素影响,对工程爆破理论的研究思想的改革将起到推动作用。

2)用分形理论预测爆破块度的分布

分形几何是描述和处理自然界不规则现象的数字工具。自然界有规则的现象是个别的,而不规则的现象则是大量的。岩石爆破块度则是不规则现象之一。因此有以下两点认识:

(1)对岩石破碎块度进行统计分析表明,块度分布是个分形;

(2)用分形几何可以计算岩块的分布函数。

2.8.2.3 对爆破的过程用计算机进行模拟

计算机模拟就是利用计算机这一工具,采用模拟的方法,描述爆破的全过程,并用图像显示出来。它所表达的目的有下述几项:①裂缝的产生与扩展;②预测爆破块度的组成和爆堆形状;③爆破参数优化及爆破效果评价;④模拟和再现爆破过程。

1)爆破块度模型

爆破块度模型种类繁多,可分为两大类:即理论模型和经验模型,表 2-8-1 和表 2-8-2 分别列出了几个有代表性的模型。

由表 2-8-1 和表 2-8-2 可知,经验模型比理论模型的发展更快一些,与实际结果更接近一些。必须指出,模型的精确度与计算机显示的结果有直接的关系。

2)计算机程序

随着计算机技术的发展,计算机程序获得令人瞩目的进步。特别应该指出的是 ANSYS/

LS－DYNA 的发展。

DYNA 程序系列最初是 1976 年美国的 Lawrence Livermore National Lab 由 J. O. Hallqust 主持开发的，后经 1979、1981、1982、1986、1987、1988 年版的功能扩充和改进，成为国际著名的非线性动力分析软件。

1996 年 LSTC 将 LS－DYNA2D、LS－DYNA3D、LS－TOPAZ2D、LS－TOPAZ3D 合为一个软件包，变成一个求解器，推出 LS－DYNA，并由 ANSYS 公司开发出口，称为 ANSYS/LS－DYNA，在全世界（包括中国）获得很大的市场。

理 论 模 型　　表 2-8-1

模　型	研究者	目　的	方　法	需 要 数 据
BCM（Bedded Crack Model）1981 年	马戈林（Margolin）	研究破碎形成	破碎机理和动态应变	爆轰的基本参数；动态应变模型
NAG－FRAG 1983 年	麦克休（Mchlugh）	岩石破裂的产生和扩展	破裂产生和扩展的统计模型	裂纹分布和弹性波传播特性
SHALE 1983～1985 年	亚当斯（Adams） 德穆思（Demth） 马戈林（Margolin）	岩石破碎的本质	用以说明破碎机理的应力波和气体模型	爆轰学；破碎分布；弹性参数和韧性破碎
KUSZ 1983 年	库斯兹莫尔（Kuszmaul）	模拟岩石断裂	损伤力学方法	除一般岩石性质外，尚需损伤变量值

经 验 模 型　　表 2-8-2

模　型	研究者	目　的	方　法	需 要 数 据
Work Index 1959 年	邦得（Bond）	露天矿破碎预测（初步）	涉及到能量、体积的减小	平均块度尺寸；能量消耗
BLASPA 1963 年以来	法夫罗（Favreau）	详细爆破设计及破碎测	由于爆炸气体和冲击波作用而产生破碎的动态模型	爆轰学；岩石的物理力学性质和爆破设计
KUZ-RAM 1973 年	库兹涅佐夫（Kuznezov） 坎宁安（Cunningham）	台阶爆破平均块度尺寸的预测	爆破参数与平均块度的经验公式	能量因子；岩石分类和爆炸参数
HARRIES 1973 年以来	哈里斯（Harries）	破碎、隆起、破碎度和破坏的预测	动态应变引起的炮孔周围破碎	爆破震动和岩石的动载特性
爆破设计准则 1978 年	兰格福斯（Longefors）	岩体爆破设计准则	经验型的爆破设计	岩石破碎参数；爆破几何形状及炸药性能
块状岩石模型 1977、1983、1990 年	盖玛（Gama）	构造体岩石的破碎度预测	多面体的块状描述，破碎作用理论和能量消耗	岩石结构；能量消耗；破碎作用特性

续上表

模　型	研究者	目　的	方　法	需 要 数 据
可爆性指数 1986 年	利利 (Lilly)	普通露天矿爆破设计指南	破碎与岩石参数的相关式	岩体分类;爆破设计
SABREX 1987 年	ICI 炸药集团 (包括澳大利亚、加拿大各分公司)	预计台阶爆破效果	计算机图解计算法,炸药与岩石相互作用解析法	岩石力学参数,爆破几何参数;炸药、爆破器材及钻孔的单位成本
JKMRC 1988 年	克莱因(Kleine) 勒安(Leung)	破碎度预测,炸药选择和爆破设计	破碎理论应用到原岩矿体	现场矿块尺寸分布;能量分布和破碎特性

综上所述,工程爆破理论研究的发展趋势主要表现在更加科学化、实用化和计算机化。

3　爆破地震波的特征及传播规律

炸药爆炸释放出来的能量以两种形式表现出来,一种是冲击波,另一种是爆炸气体。随着传播距离的增大,冲击波衰减为应力波和地震波,地震波引起的(近地表)地面震动称为地震动。当这种震动达到一定强度时,就会对爆区周围的建筑物造成一定的破坏。

关于爆破震动的相关理论已经具有很久的研究历史了,其中的一部分理论已经比较成熟,但是对爆破地震波研究的文献还是比较鲜见的。对于爆破地震波的传播特性,其在空气和水中的特性已被广泛认识。但是对于在岩土介质当中来说,情况则要复杂得多。因为岩土具有不同的物理力学性质,其物理力学性质有时是连续的变化,有时又是突然跃迁变化的,加之岩石本身的地质因素,天然岩体并非均质体,岩体中含有大量的断层、节理及裂隙等,使得岩体具有非连续性和显著的各向异性。节理的存在使得爆炸能量分布不平衡,严重阻碍应力波的传播,造成应力波能量的急剧衰减,所以要确定爆破震动波的传播特性则要困难得多。

3.1　爆破地震波的相关知识

3.1.1　爆破地震波的形成和类型

炸药在岩(土)体中爆炸时,一部分能量对炸药周围的介质引起扰动,并以波动形式向外传播。通常认为:在爆炸近区(药包半径的10~15倍),传播的是冲击波。在中区(药包半径的15~20倍)为应力波。当应力波继续向外传播,波的强度进一步衰减,其作用只能引起质点做弹性振动,而不能引起岩石破坏,这种波称为弹性波。地震波是一种弹性波,它包含在介质内部传播的体波和沿述地面传播的面波。体波可分为纵波和横波。纵波是由震源向外传播的压缩波,在传播过程中能引起介质产生压缩和拉伸变形。其特点是周期短,振幅小和传播速度快。横波是由震源向外传播的剪切波,在传播过程中能引起介质质点产生剪切变形。它的特点是周期长,振幅较纵波大,传播速度仅次于纵波。通常也把纵波叫P波(即初至波),把横波叫S波(即次至波)。面波仅限沿地面传播,它是体波在自由面多次反射叠加而成,主要包含瑞利波和勒夫波。其特点是周期长、振幅大,传播速度较体波慢,但携带的能量较大。爆破过程中造成岩石破裂的主要原因是体波的作用,而造成爆破地震破坏的主要原因是面波的作用,其类型如图3-1-1所示。

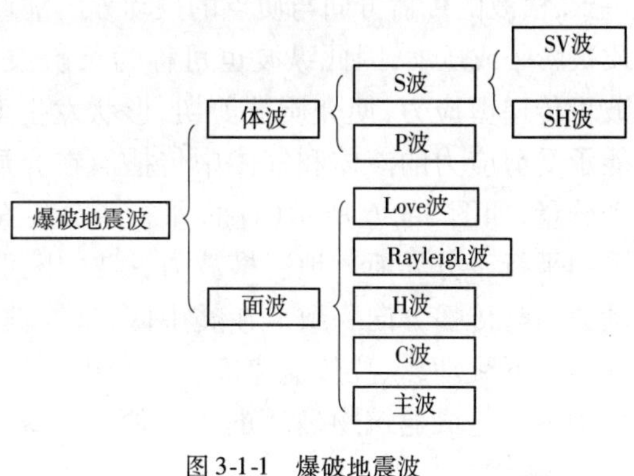

图3-1-1　爆破地震波

在短距离内，三种波(P 波、S 波、R 波)几乎是一起到达，因而辨认地震波的类型是非常复杂的。而在远距离处，传播速度较慢的 S 波，R 波开始与 P 波分离，就能辨认它们。在一幅完整的爆破地震波的记录图形中，一开始是一系列振幅较小，频率较高的波形，主要是纵波 P 波和横波 S 波，紧接着一段是振幅较大，频率较低的波形，这是面波 R 波，持续一段时间后，波形逐渐衰减。图 3-1-2 ~ 图 3-1-5 为各种波的传播方式。

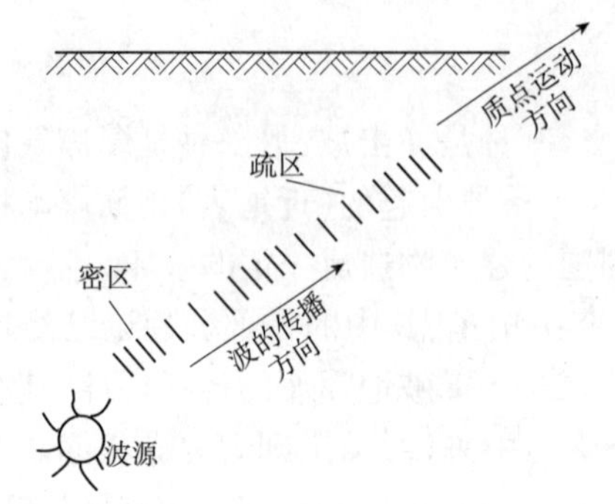

图 3-1-2　纵波中质点运动方向与波速传播方向的关系

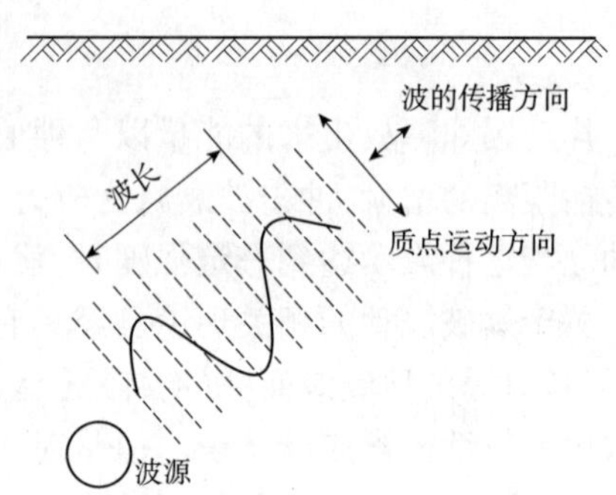

图 3-1-3　介质中质点运动方向与横波传播方向的关系

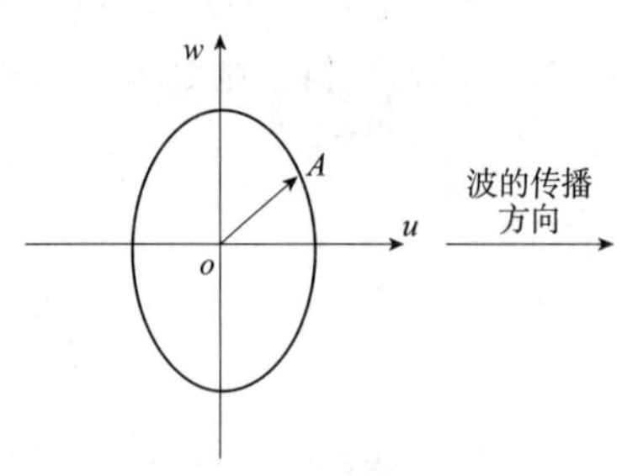

图 3-1-4　R 波的质点运动

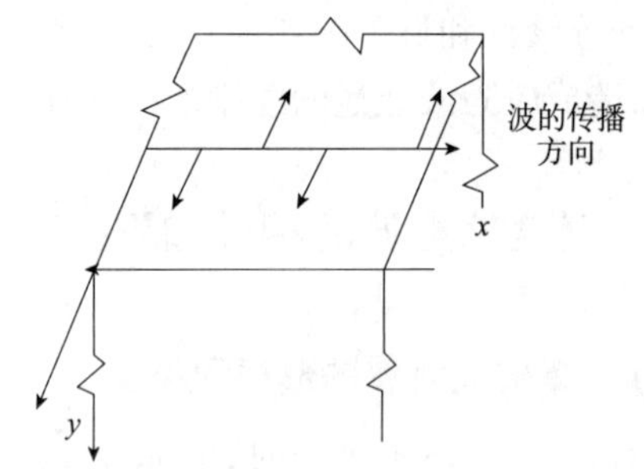

图 3-1-5　L 波的质点运动

3.1.2　爆破地震波简介

1)体波

体波是在介质内部传播的波，可引起介质体积和形状的变化。按照波的传播方向与介质质点振动方向的关系将体波分为纵波 P 波和横波 S 波，纵波的传播方向与质点振动方向一致，横波的传播方向与质点的振动方向垂直。纵波可传递拉应力或压应力，在其作用下介质被膨胀或压缩，因此纵波也可称为稀疏波、压缩波，纵波可在固、液、气介质中传播。横波可传递剪应力，使介质被剪切，形状发生变化，因此横波又叫做剪切波。横波不能在不能承受剪应力的液体和气体中传播。在介质分界面上横波 S 波可分为 SV 波和 SH 波两个分量，如图 3-1-6 所示(xy 面平行于分界面)。SV 波传播平面垂直于分界面，SH 波传播平面平行于分界面。地震横波与纵波的区别：横波振动方向与波前进方向垂直，而纵波振动方向与传播方向一致。在震中区，地震波直接入射地面，横波表现为左右摇晃，纵波表现为上下跳动，纵波传播速度比横波快。另外，横波振幅比纵波大，破坏力大，横波的水平晃动力是造成建筑物破坏的主要原因。纵波 P 波通常周期短，振幅小，而横波 S 波周期长，振幅大。

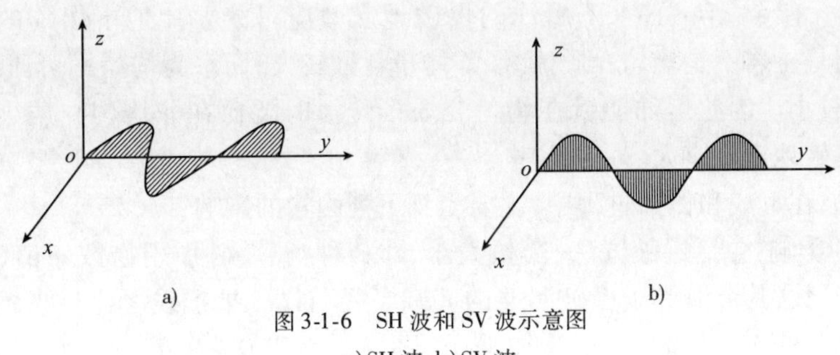

图 3-1-6　SH 波和 SV 波示意图

a) SH 波;b) SV 波

2) 面波

面波通常认为是体波经地层界面的多次反射形成的次生波,是在地表或结构体表面以及结构层面传播的波。面波包括以下几种形式:

(1) 瑞利表面波(Revleigh 波)。瑞利波传播时,介质的质点在波的传播方向与介质表面法向组成的平面内做逆时针的椭圆运动,而在与该面垂直的方向上没有运动分量。

(2) 乐夫表面波(Love 波)。乐夫表面波传播时,介质的质点只是在与垂直于波的传播方向的水平方向上做横向剪切运动,只有在层状半空间中介质表层的波速低于介质底层的波速时,才会出现乐夫表面波。

(3) 流体动力波(H 波)。流体动力波传播时介质表面质点呈现如瑞利表面波那样的椭圆运动。流体动力波不能传递剪应力,因此该波是沿着液体、气体等不能传递剪应力的介质表面传播。

(4) 合成波(C 波)。合成波传播时,介质表面质点呈现为一个复合的空间运动。

(5) 主波。主波传播时,介质质点沿着平行于表面的直线运动。

3.1.3　爆破地震波的影响因素及特点

从波动观点来说爆破地震波是在岩石介质中传播的一种扰动。在无限岩石介质中这种扰动以体波和面波的形式传播出去,传播的体波分为纵波和横波两种形式,其传播速度由介质本身的弹性和密度等物理特性以及介质本身的结构特征所决定。如果介质具有不同的物理力学性质和存在不连续的地质结构面时(如:节理、裂隙、断层等),就会产生反射和折射现象。在一定条件下,在地表地层或介质体分界面会产生面波,面波的强度随深度的增加迅速降低。

在实际土岩爆破中,由于土岩不是理想的弹性体,而是物理力学性质不均匀和含有不连续结构面的介质体,所以在此介质中产生的波动现象十分复杂。大部分的爆炸能量消耗在粉碎区和破碎区,剩下的小部分能量相对于爆破点源以球面波的形式、相对于爆破线源以柱面波的形式传播出去。随着传播半径的增大,单位面积波面上的能量将会减少;同时在土岩介质中由于波的反射和透射会使波的能量减少;而且在土岩介质中还会发生内摩擦现象使能量被吸收;在土岩介质中还会使介质体积蓄一些弹性能,这些现象都会耗散爆炸能量,因此可以说爆破地震波的传播是一个能量不断衰减的过程。

炸药爆炸所释放的能量,有相当大一部分被消耗掉,剩下的一小部分转化为地震波,其比例因传播介质而异。在干土中为 2% ~3%,在湿土中为 5% ~6%,在岩石中为 2% ~6%,

在水中为20%。有专家认为，水下爆炸的爆破地震效应可能要比地下爆炸的地震效应大6~10倍。原因是土岩不是均匀介质体，爆炸能量耗散较大，而水为均匀不可压缩的介质体，爆炸能量耗散较小。因此爆炸能量在均匀介质中传播时要比在非均匀介质中传播时损耗小，而引起的爆破地震效应大。

爆破地震波在形成和传播过程中，主要受到下列因素的影响：

(1)爆源的影响：包括爆破方法、药量大小、炸药种类、爆破作用指数 n 值(描述炸药爆破作用强弱的参数，其数值等于爆破漏斗的底圆半径与最小抵抗线之比。当爆破作用指数等于1时，为标准爆破；大于1时，为加强抛掷爆破；界于0~0.75时，为松动爆破；界于0.75~1时，为减弱抛掷爆破)的大小、药包与装药孔的不耦合情况、单药包或群药包、集中药包或延长药包、临空面数目、瞬时起爆或分段延时起爆、有无预裂药包等。

(2)离爆源的距离：距爆源越远，爆破地震波的幅值和频率越小。

(3)爆破地震波传播区的地质、地形情况：包括介质的物理力学性质、地质构造的变化。爆破地震波传播区的岩土越完整、越硬，爆破地震波衰减越慢。

爆破地震和天然地震的地面运动特征截然不同，但对建筑物的地震反应来讲同样是一个振动问题，两者引起建筑物的破坏机制似乎没有什么不同，爆破地震和天然地震效应的研究均属于地震工程学的研究范畴，然而两者在当前的具体研究途径上，则有所不同。目前，国内外对于工程爆破地震效应的研究重点是：主要根据爆破地震对建筑物、岩体等震害特征的宏观调查资料及其相对应的震动的观测值，来确定建筑物或构筑物较为可靠的破坏标准，即建筑物附近地面震动值与建筑物或构筑物破坏之间的关系；确定爆破时地面震动的传播规律，这个规律可用来预测地面震动强度与爆心距、装药量大小之间的关系，从而可以确定爆破地震的安全距离；采用分段毫秒爆破和地震波屏障来减低爆破地震效应等。近年来，也开始直接应用动力分析方法来研究建筑物的爆破地震反应，但是不像天然地震效应研究那样深入。

由于人们对天然地震动的特征以及建筑物的抗震能力的研究已有较长的历史，也积累了不少经验和方法，这些经验和方法作适当的修正，是可以应用于爆破地震效应的研究的。因为爆破地震与天然地震一样，都是由于能量释放，并以地震波形式向外传播，引起地表震动而产生破坏效应的。它们造成的破坏程度又都受地形、地质等因素的影响，但也要特别注意它们各自的特点。天然地震发生在地层深处，造成破坏的程度主要决定于地震能量(震级)与距震源的远近。爆破地震则是在地表浅层处爆炸的，其造成破坏的程度主要决定于装药量与距爆源的远近。分析大量天然地震与爆破地震的科研观测数据后，得出以下几点认识：

(1)爆破地震振动幅值较大，但衰减很快，破坏范围并不大；天然地震振动幅值较小，但衰减缓慢，破坏范围大得多；

(2)爆破地震地面加速度振动频率较高，超过了普通工程结构的自振频率；天然地震地面加速度振动频率较低，与普通工程结构的自振频率相接近；

(3)爆破地震持续时间很短，以药量万吨级爆破为例，在近区仅15s左右；天然地震主震持续时间多在105~405s。

因此，也应该注意在某处测得的爆破地震参数，是不能直接套用参数相等的天然地震烈度来估计该处是否发生破坏或破坏程度的。爆破地震的实际破坏效果要比相同烈度的天然地震小得多。

3.2 爆破地震波的相关参数

3.2.1 爆破地震波的能量与震级

爆破地震波的能量一般定义为通过其辐射表面的地震波能量，即：

$$E_0 = 4\pi^3 r_o^2 v p_o \sum_k \left(\frac{A}{T}\right)_k^2 \varepsilon_k \tag{3-2-1}$$

式中：p_o——密度；

v——波速；

A 和 T——地震波的振幅和周期。

地下爆炸的地震波能量一般只占爆炸总能量的1%以下，并可用以下经验公式来进行估计：

$$\lg E = 1.15gQ + 10.8 \tag{3-2-2}$$

由上式得出与 E 之间的关系式：

$$r_o = 0.0065E^{1/3.5} \tag{3-2-3}$$

式中 E 以 10^{-7}J 计，Q 以 kg 计算。

爆破地震波的震级与地震能量的关系式如下：

$$M_s = \frac{2}{3}(\lg E - 11.8) \tag{3-2-4}$$

3.2.2 爆破地震波的辐射半径

在不同类型的岩石中爆炸时，弹性地震波的激发条件有所不同。有一些情况是在流体冲击波传播过程中就已激发出线性弹性波，另一些情况则是流体冲击波或塑性冲击波衰减到弹性极限时才转化为弹性波。线性弹性波的特点是波面及波后应力大体上保持在弹性极限附近，粒子基本上向波前方向运动；只有当流体冲击波或塑性冲击波消失后才明显衰减，其波形也才开始具有准正弦波的形状。为统一标准起见，可以把爆炸地震波辐射源定义为流体冲击波或塑性冲击波消失或转化时弹性波波面所在的位置。这个位置可以通过弹性波衰减规律发生明显变化或是其周期出现极小值的距离来确定。观测结果表明，这两种标志基本上在同一距离上出现。这样定出的爆炸源半径 r_0 与化学爆炸的药量 Q 之间近似呈直线关系，其经验公式为：

$$r_0 = 10Q^{1/3} \tag{3-2-5}$$

其中 r_0 以 m 计，Q 以 kg 计。

3.2.3 爆破地震波的振幅

爆破地震波的振幅在一个完整的波形图中是不相同的，它随时间而变化。由于主震相的振幅大，作用时间长，因此，主震相中的最大振幅是表征地震波的主要参数。它是振动强度的标志，关于爆破地震波质点振幅的经验公式非常多，这里只作简单介绍。

（1）前苏联根据地震波观测资料分析研究爆炸地震波的振幅特性，得出如下经验公式与经验关系：

$$\lg W = f(r) = b\lg A \tag{3-2-6}$$

式中：W——爆炸当量；

A——地震波地面位移最大幅值；

$f(r)$——与距离 b 有关的函数；

b——1 ~2 之间的常数。对于(0.1 ~2) $\times 10^4$t 的化学爆炸来说，只有在 $r=10$km 左右才能观测到 $\lg A$ 与 $\lg W$ 近似呈直线关系，再由前面的 Q 与 W 的近似直线关系，此时有：

$$\lg Q = 3.14 + 13.5\lg A \tag{3-2-7}$$

(2)中南大学的阳生权通过研究建立了爆破震动质点最大速度与能量之间的关系：

$$E = 10^{18.95} + v_{max}^{2.4} \tag{3-2-8}$$

式中：E——爆破地震总能量；

v_{max}——质点振动最大速度。

(3)美国矿务局的公式

$$v = H\left(\frac{R}{\sqrt{Q}}\right)^{-\beta} \tag{3-2-9}$$

式中：R——测点到爆源的距离，ft；

Q——最大分段装药量，lb；

H,β——与场地有关的参数，$H=0.675\sim4.04$，$\beta=1.083\sim2.346$。

(4)萨道夫斯基公式

$$v = K\left(\frac{Q^{\beta}}{R}\right)^{\alpha} \tag{3-2-10}$$

式中：v——测点处的地表面质点振动速度，cm/s；

Q——一次起爆中最大单响的炸药量，kg，

K,α——和沿途介质有关的系数；

β——与药包结构方式有关的系数，集中药包取 1/3，柱形药包取 1/2。

(5)针对不同的爆破类型，水利工作者通过研究得出了《水工建筑物岩石基础开挖工程施工技术规范》(DL/T 5389—2007)的经验公式。

$$v = K\left(\frac{\sqrt[3]{Q}}{D}\right)^{\alpha}\left(\frac{\sqrt[3]{Q}}{H}\right)^{\beta} \tag{3-2-11}$$

式中：D——爆心与测点之间的水平距离；

H——爆心与测点之间的高程差；

β——高程影响系数；

其余符号意义同前。

但是由于这些公式的适用范围非常有限，因此在进行工程实践时需要针对不同的地质地貌、爆破方式以及药包结构等对参数进行修正，以保证公式的可靠性。

上述公式有一个共同点：爆破震动强度，不管是位移，还是速度、加速度的幅值都与一次起爆药量(或一次起爆药量的能量)正相关，所以可以通过这些经验公式得出一次起爆药量将决定着爆破震动强度的结论。

3.2.4 爆破地震波的周期和频率

一般用最大振幅 A 所对应的一个波的周期 π 作为地震波的参数，频率为其倒数 $f_0=1/T_0$。由于地震波明显的瞬态振动特征，为一频域较宽的随机信号，用频谱分析方法得

出频谱可描述其频率特征，对周期和频率的研究大致有以下几个经验公式：

(1)涅尔谢索夫等人认为，爆破地震波的周期与药量或当量 Q 有关，通过总结得出，在爆点附近，瑞利波的周期基本上不改变，并可用以下近似公式来估计：

$$\lg T_{R} = -2.78 + 0.21\lg Q \tag{3-2-12}$$

(2)张永哲研究发现，虽然加速度时程曲线强度与频率都是时间的随机函数，但大体上有一定规律，随爆源距离增加，强度与频率都逐渐降低，应力波的衰减系数与频率成正比。根据侠钡叶不同药量与距离时振动加速度时穆曲线所进行的频谱分析，得到如下经验统计关系：

$$T = 5.5 + 20\lg \frac{R}{Q^{1/3}} \tag{3-2-13}$$

公式表明距离对周期的影响比单响药量更灵敏。

(3)R. L. Ynag，P. Roqcue 等的试验结果表明，频率随距离的衰减呈负指数变化。用二元回归方法分析试验结果，得出频率与药量和距离之间的关系如下：

$$f = 5000 \times e^{-0.4R/Q^{0.33}} \tag{3-2-14}$$

式中：Q——炸药量，kg；

R——距离，m。

上面三个公式是关于周期的，知道周期就可以知道频率。通过对上述三个经验公式的分析得出，爆破地震波的周期(频率)与一次起爆药量具有一定的关系。

3.3　爆破地震波和波动方程

3.3.1　地震波

波动现象在人们的经验中是比较熟悉也是经常接触到的，一般认为，波是在外荷载作用下，介质局部的平衡受到破坏所引起扰动传播的表现。波在介质中传播时，将使介质产生相应的变化或反应。其中，最普遍发生的是形变。形变可能为弹性、塑性或弹塑性。

在任意的有界介质和无界介质中，在应力状态下介质质点运动或扰动传播称为应力波；扰动部分与未扰动部分的分界面称为波阵面；扰动在介质中的传播速度称为波速；被扰动后介质质点的运动速度称为质点速度。

其中，产生弹性形变的波称为弹性波，这是最具有重要和现实意义的一种波。随爆破导致的应力波逐渐衰减都会变成为弹性波。波动可能是瞬间的、周期的或随机的。

地震波有两种基本类型：体波和面波。而体波又可分为纵波和横波两种。面波是体波的次生波，其中典型面波以瑞利波和乐夫波为代表。

体波是指通过介质体内传播的波。它从弹性介质中的震源出发，向外传播到介质中去，地震波传播途径叫地震射线或射线轨迹。与地震射线垂直的几何面叫波阵面。一个点震源将在各向同性介质中产生一个球面波，它的波阵面面积随 r^2(r 为距震源距离)而增加，流过每单位面积的能量随 r^{-2} 而降低；在非均匀介质中，地震射线是曲线，波阵面是不规则的几何曲面。若震源为一直线，将会产生柱面波，它的波阵面面积随 r 的增加而增加，流过波阵面单位面积的能量随 r^{-1} 而降低。若研究的点距离震源很远，则可把波阵面当作平面来考虑，就不产生如球面波与柱面波那样的几何效应。

事实上,不可能有完全弹性体,所以在地震波的传播工程中必定有能量损失,从而振幅随距离与时间的增加而衰减,其衰减规律为指数曲线。

与体波不同,面波是沿着介质表面以及附近传播的,它是体波经地层界面多次反射形成的次生波,在岩体表面与空气相接的交界面上传播着这种波。表面波传播过程中岩体表面被褶皱成一系列的包含波峰和波谷的湍流式的波形。

由于爆破能量的作用,爆源周围岩体受到强烈作用而产生挤压和拉伸等动态变形,远离爆源处的变形属于弹性变形,并且这种变形以弹性波的形式向周围传播。

3.3.2 波动方程

由于爆炸是极短迅速变化的动力作用,爆破地震区岩体被认为是弹性的,因此,可在小变形弹性理论的框架内考察波动方程。

建立弹性体的运动微分方程时,除考虑应力外,还须考虑弹性体质量以及运动引起的惯性力。在弹性波的传播过程中,可以忽略体力。

1)应力与应变

弹性体应变分量与位移的关系为:

$$\left.\begin{aligned}\varepsilon_x &= \frac{\partial u}{\partial x}\\ \varepsilon_y &= \frac{\partial v}{\partial x}\\ \varepsilon_z &= \frac{\partial w}{\partial z}\\ \gamma_{xy} &= \frac{\partial v}{\partial x}+\frac{\partial u}{\partial y}\\ \gamma_{yz} &= \frac{\partial w}{\partial y}+\frac{\partial v}{\partial z}\\ \gamma_{zx} &= \frac{\partial u}{\partial z}+\frac{\partial w}{\partial x}\end{aligned}\right\} \tag{3-3-1}$$

及

$$\left.\begin{aligned}w_x &= \frac{1}{2}\left(\frac{\partial w}{\partial y}-\frac{\partial v}{\partial z}\right)\\ w_y &= \frac{1}{2}\left(\frac{\partial u}{\partial z}-\frac{\partial w}{\partial x}\right)\\ w_z &= \frac{1}{2}\left(\frac{\partial v}{\partial x}-\frac{\partial u}{\partial y}\right)\end{aligned}\right\} \tag{3-3-2}$$

式中:u——沿 x 方向的位移;

v——沿 y 方向的位移;

ω——沿 z 方向的位移;

w_x——绕 x 轴的转动;

w_y——绕 y 轴的转动;

w_z——绕 z 轴的转动。

应力与应变之间的关系可由下式表示：

$$\left.\begin{aligned}\sigma_x&=f_1(\varepsilon_x,\varepsilon_y,\varepsilon_z,\gamma_{xy},\gamma_{yz},\gamma_{zx})\\\sigma_y&=f_2(\varepsilon_x,\varepsilon_y,\varepsilon_z,\gamma_{xy},\gamma_{yz},\gamma_{zx})\\\sigma_z&=f_3(\varepsilon_x,\varepsilon_y,\varepsilon_z,\gamma_{xy},\gamma_{yz},\gamma_{zx})\\\tau_{yz}&=f_4(\varepsilon_x,\varepsilon_y,\varepsilon_z,\gamma_{xy},\gamma_{yz},\gamma_{zx})\\\tau_{zx}&=f_5(\varepsilon_x,\varepsilon_y,\varepsilon_z,\gamma_{xy},\gamma_{yz},\gamma_{zx})\\\tau_{xy}&=f_6(\varepsilon_x,\varepsilon_y,\varepsilon_z,\gamma_{xy},\gamma_{yz},\gamma_{zx})\end{aligned}\right\}\tag{3-3-3}$$

假定物体不存在初应力，则当应变为零，应力为零时。当假定应变很小时，即 ε、$\gamma<<1$ 时，式(3-3-3)可用泰勒级数展开而略去应变分量二次以上的项，可得到：

$$\left.\begin{aligned}\mathrm{d}\sigma_x&=\frac{\partial f_1}{\partial\varepsilon_x}\mathrm{d}\varepsilon_x+\frac{\partial f_1}{\partial\varepsilon_y}\mathrm{d}\varepsilon_y+\frac{\partial f_1}{\partial\varepsilon_z}\mathrm{d}\varepsilon_z+\frac{\partial f_1}{\partial\gamma_{xy}}\mathrm{d}\gamma_{xy}+\frac{\partial f_1}{\partial\gamma_{yz}}\mathrm{d}\gamma_{yz}+\frac{\partial f_1}{\partial\gamma_{zx}}\mathrm{d}\gamma_{zx}\\\mathrm{d}\sigma_y&=\frac{\partial f_2}{\partial\varepsilon_x}\mathrm{d}\varepsilon_x+\frac{\partial f_2}{\partial\varepsilon_y}\mathrm{d}\varepsilon_y+\frac{\partial f_2}{\partial\varepsilon_z}\mathrm{d}\varepsilon_z+\frac{\partial f_2}{\partial\gamma_{xy}}\mathrm{d}\gamma_{xy}+\frac{\partial f_2}{\partial\gamma_{yz}}\mathrm{d}\gamma_{yz}+\frac{\partial f_2}{\partial\gamma_{zx}}\mathrm{d}\gamma_{zx}\\\mathrm{d}\sigma_z&=\frac{\partial f_3}{\partial\varepsilon_x}\mathrm{d}\varepsilon_x+\frac{\partial f_3}{\partial\varepsilon_y}\mathrm{d}\varepsilon_y+\frac{\partial f_3}{\partial\varepsilon_z}\mathrm{d}\varepsilon_z+\frac{\partial f_3}{\partial\gamma_{xy}}\mathrm{d}\gamma_{xy}+\frac{\partial f_3}{\partial\gamma_{yz}}\mathrm{d}\gamma_{yz}+\frac{\partial f_3}{\partial\gamma_{zx}}\mathrm{d}\gamma_{zx}\\\mathrm{d}\tau_{yz}&=\frac{\partial f_4}{\partial\varepsilon_x}\mathrm{d}\varepsilon_x+\frac{\partial f_4}{\partial\varepsilon_y}\mathrm{d}\varepsilon_y+\frac{\partial f_4}{\partial\varepsilon_z}\mathrm{d}\varepsilon_z+\frac{\partial f_4}{\partial\gamma_{xy}}\mathrm{d}\gamma_{xy}+\frac{\partial f_4}{\partial\gamma_{yz}}\mathrm{d}\gamma_{yz}+\frac{\partial f_4}{\partial\gamma_{zx}}\mathrm{d}\gamma_{zx}\\\mathrm{d}\tau_{zx}&=\frac{\partial f_5}{\partial\varepsilon_x}\mathrm{d}\varepsilon_x+\frac{\partial f_5}{\partial\varepsilon_y}\mathrm{d}\varepsilon_y+\frac{\partial f_5}{\partial\varepsilon_z}\mathrm{d}\varepsilon_z+\frac{\partial f_5}{\partial\gamma_{xy}}\mathrm{d}\gamma_{xy}+\frac{\partial f_5}{\partial\gamma_{yz}}\mathrm{d}\gamma_{yz}+\frac{\partial f_5}{\partial\gamma_{zx}}\mathrm{d}\gamma_{zx}\\\mathrm{d}\tau_{xy}&=\frac{\partial f_6}{\partial\varepsilon_x}\mathrm{d}\varepsilon_x+\frac{\partial f_6}{\partial\varepsilon_y}\mathrm{d}\varepsilon_y+\frac{\partial f_6}{\partial\varepsilon_z}\mathrm{d}\varepsilon_z+\frac{\partial f_6}{\partial\gamma_{xy}}\mathrm{d}\gamma_{xy}+\frac{\partial f_6}{\partial\gamma_{yz}}\mathrm{d}\gamma_{yz}+\frac{\partial f_6}{\partial\gamma_{zx}}\mathrm{d}\gamma_{zx}\end{aligned}\right\}\tag{3-3-4}$$

因此，在应变很小时，应力与应变的关系可以改写成下面的形式：

$$\left.\begin{aligned}\sigma_x&=c_{11}\varepsilon_x+c_{12}\varepsilon_y+c_{13}\varepsilon_z+c_{14}\gamma_{yz}+c_{15}\gamma_{zx}+c_{16}\gamma_{xy}\\\sigma_y&=c_{21}\varepsilon_x+c_{22}\varepsilon_y+c_{23}\varepsilon_z+c_{24}\gamma_{yz}+c_{25}\gamma_{zx}+c_{26}\gamma_{xy}\\\sigma_z&=c_{31}\varepsilon_x+c_{32}\varepsilon_y+c_{33}\varepsilon_z+c_{34}\gamma_{yz}+c_{35}\gamma_{zx}+c_{36}\gamma_{xy}\\\tau_{yz}&=c_{41}\varepsilon_x+c_{42}\varepsilon_y+c_{43}\varepsilon_z+c_{44}\gamma_{yz}+c_{45}\gamma_{zx}+c_{46}\gamma_{xy}\\\tau_{zx}&=c_{51}\varepsilon_x+c_{52}\varepsilon_y+c_{53}\varepsilon_z+c_{54}\gamma_{yz}+c_{55}\gamma_{zx}+c_{56}\gamma_{xy}\\\tau_{xy}&=c_{61}\varepsilon_x+c_{62}\varepsilon_y+c_{63}\varepsilon_z+c_{64}\gamma_{yz}+c_{65}\gamma_{zx}+c_{66}\gamma_{xy}\end{aligned}\right\}\tag{3-3-5}$$

式中：σ_x、σ_y、σ_z、τ_{yz}、τ_{xy}、τ_{zx}——应力。

这就是广义胡克定律的表达式，其中，$c_{mn}(m,n=1,2,\cdots,6)$是弹性系数，一般为 x、y、z 的函数。对于均匀的物体，则必承受同样的应力，必须产生相同的变形；若物体内各点有相同的变形，则必须承受同样的应力。均匀物体的弹性系数 c_{mn} 为常数。若 c_{mn} 各不相同，则表示物体是极端各向异性的。

对于各向同性的物体，则只有两个完全独立的弹性系数，其中一个是剪切弹性模量 G，也称刚性模量；另外一个就是拉梅常数 λ。

G、λ 与弹性模量 E 和泊松比 ν 的关系为：

$$\left.\begin{aligned}\lambda &= \frac{\nu E}{(1+\nu)(1-2\nu)} \\ G &= \frac{E}{2(1+\nu)}\end{aligned}\right\} \tag{3-3-6}$$

此时，式(3-3-5)为各向同性体的胡克定律，它的表达式有下面的形式：

$$\left.\begin{aligned}\sigma_x &= \lambda\,\overline{\varepsilon} + 2G\varepsilon_x \\ \sigma_y &= \lambda\,\overline{\varepsilon} + 2G\varepsilon_y \\ \sigma_z &= \lambda\,\overline{\varepsilon} + 2G\varepsilon_z \\ \tau_{yz} &= G\gamma_{yz} \\ \tau_{zx} &= G\gamma_{zx} \\ \tau_{xy} &= G\gamma_{xy}\end{aligned}\right\} \tag{3-3-7}$$

式中：$\overline{\varepsilon}$——体积应变。

其值为：

$$\overline{\varepsilon} = \varepsilon_x + \varepsilon_y + \varepsilon_z \tag{3-3-8}$$

式(3-3-7)的前三项相加，有：

$$\Theta = \sigma_x + \sigma_y + \sigma_z = (3\lambda + 2G)\overline{\varepsilon} \tag{3-3-9}$$

将式(3-3-9)代入式(3-3-7)化简，可得以应力表示应变的胡克定律表达式：

$$\left.\begin{aligned}\varepsilon_x &= \frac{\sigma_x}{2G} - \frac{\lambda}{2G(3\lambda+2G)}\Theta \\ \varepsilon_y &= \frac{\sigma_y}{2G} - \frac{\lambda}{2G(3\lambda+2G)}\Theta \\ \varepsilon_z &= \frac{\sigma_z}{2G} - \frac{\lambda}{2G(3\lambda+2G)}\Theta \\ \gamma_{yz} &= \frac{2(1+\nu)}{E}\tau_{yz} \\ \gamma_{zx} &= \frac{2(1+\nu)}{E}\tau_{zx} \\ \gamma_{xy} &= \frac{2(1+\nu)}{E}\tau_{xy}\end{aligned}\right\} \tag{3-3-10}$$

2)波动方程

建立弹性体的运动微分方程时，除考虑应力外，还必须考虑惯性力。根据牛顿第二定律推得运动方程为：

$$\left.\begin{aligned}\rho\frac{\partial^2 u}{\partial t^2} &= \frac{\partial\sigma_x}{\partial x} + \frac{\partial\tau_{xy}}{\partial y} + \frac{\partial\tau_{xz}}{\partial z} + X \\ \rho\frac{\partial^2 v}{\partial t^2} &= \frac{\partial\tau_{yx}}{\partial x} + \frac{\partial\sigma_y}{\partial y} + \frac{\partial\tau_{yz}}{\partial z} + Y \\ \rho\frac{\partial^2 w}{\partial t^2} &= \frac{\partial\tau_{zx}}{\partial x} + \frac{\partial\tau_{zy}}{\partial y} + \frac{\partial\sigma_z}{\partial z} + Z\end{aligned}\right\} \tag{3-3-11}$$

式中:ρ——地层的质量密度;

X、Y、Z——分别沿 x、y、z 三个方向的体力。

对于弹性波的传播问题,可以忽略体力,从而式(3-3-11)可以化为:

$$\left.\begin{aligned}\rho\frac{\partial^2 u}{\partial t^2}&=\frac{\partial\sigma_x}{\partial x}+\frac{\partial\tau_{xy}}{\partial y}+\frac{\partial\tau_{xz}}{\partial z}\\\rho\frac{\partial^2 v}{\partial t^2}&=\frac{\partial\tau_{yx}}{\partial x}+\frac{\partial\sigma_y}{\partial y}+\frac{\partial\tau_{yz}}{\partial z}\\\rho\frac{\partial^2 w}{\partial t^2}&=\frac{\partial\tau_{zx}}{\partial x}+\frac{\partial\tau_{zy}}{\partial y}+\frac{\partial\sigma_z}{\partial z}\end{aligned}\right\}\tag{3-3-12}$$

在弹性介质中,对于波的传播问题用位移来表示微分方程是比较方便的。将式(3-3-1)、式(3-3-7)、(3-3-8)代入式(3-3-12)即可得各向同性弹性介质波动方程的基本形式为:

$$\left.\begin{aligned}\rho\frac{\partial^2 u}{\partial t^2}&=(\lambda+G)\frac{\partial\bar{\varepsilon}}{\partial x}+G\nabla^2 u\\\rho\frac{\partial^2 v}{\partial t^2}&=(\lambda+G)\frac{\partial\bar{\varepsilon}}{\partial y}+G\nabla^2 v\\\rho\frac{\partial^2 w}{\partial t^2}&=(\lambda+G)\frac{\partial\bar{\varepsilon}}{\partial z}+G\nabla^2 w\end{aligned}\right\}\tag{3-3-13}$$

式中:∇^2——拉普拉斯算子。

$$\nabla^2=\frac{\partial^2}{\partial x}+\frac{\partial^2}{\partial y}+\frac{\partial^2}{\partial z}$$

波动方程可进一步化为两个波动方程,一个描述体积膨胀波,另一个描述体积膨胀为零的纯转动波的传播。

对丁体积膨胀波,由于它不产生旋转位移,故:

$$w_x=w_y=w_z$$

根据这一条件可知,存在一函数 φ,其全微分为:

$$\mathrm{d}\varphi=u\mathrm{d}x+v\mathrm{d}y+w\mathrm{d}z$$

即:

$$u=\frac{\partial\varphi}{\partial x},v=\frac{\partial\varphi}{\partial y},w=\frac{\partial\varphi}{\partial z}\tag{3-3-14}$$

由式(3-3-8)可知:

$$\bar{\varepsilon}=\nabla^2\varphi$$

$$\frac{\partial\bar{\varepsilon}}{\partial x}=\frac{\partial}{\partial x}\nabla^2\varphi=\nabla^2 u,\frac{\partial\bar{\varepsilon}}{\partial y}=\nabla^2 v,\frac{\partial\bar{\varepsilon}}{\partial z}=\nabla^2 w\tag{3-3-15}$$

将式(3-3-15)代入式(3-3-14),可得膨胀波的波动方程:

$$\left.\begin{aligned}\frac{\partial^2 u}{\partial t^2}&=v_{\mathrm{P}}^2\nabla^2 u\\\frac{\partial^2 v}{\partial t^2}&=v_{\mathrm{P}}^2\nabla^2 v\\\frac{\partial^2 w}{\partial t^2}&=v_{\mathrm{P}}^2\nabla^2 w\end{aligned}\right\}\tag{3-3-16}$$

式中：

$$v_P = \sqrt{\frac{\lambda + 2G}{\rho}}$$

或

$$v_P = \sqrt{\frac{E(1-\nu)}{\rho(1+v)(1-2v)}} \tag{3-3-17}$$

式(3-3-17)即体应变的传播速度，或称为纵波速度。

对于纯转动波，则有 $\bar{\varepsilon}=0$，可得其对应的波动方程为：

$$\left.\begin{aligned} \frac{\partial^2 u}{\partial t^2} &= v_s^2 \nabla^2 u \\ \frac{\partial^2 v}{\partial t^2} &= v_s^2 \nabla^2 v \\ \frac{\partial^2 w}{\partial t^2} &= v_s^2 \nabla^2 w \end{aligned}\right\} \tag{3-3-18}$$

式中：v_s——纯转动波的传播速度，或称为横波波速，$v_s = \sqrt{\frac{G}{\rho}}$。

前面描述的波动方程均为三维，在地震过程中，直接用三维波动方程求解的实例不多，经常应用的是一维波动方程。

3.4 爆破地震波的特征

由于爆源的复杂性，以及传播介质体物理力学性质和地质结构构造的多样性，使得爆破地震波具有随机波非重复性的特性，因此，爆破地震波是一种随机波。所谓随机波就是指随时间作复杂的变化的波，而且任意两个随机波不会表现为同一波形。爆破地震波不仅在幅值上随时间作复杂的变化，而且波的频率成分和持续时间等也随环境条件、爆心距、爆破规模以及地层地质等的影响表现为极为复杂的现象。爆炸激励的不确定性与难估量性以及传播介质特性的复杂性，也导致了爆破振动很难用数学分析方法和微分方程表示出其确定性规律。因此，爆破地震波的特征复杂多样。

3.4.1 爆破地震波的能量传播特点

爆破地震波的一个特点是能量释放的过程持续时间一般较短，并且具有一定的突然发生的瞬态冲击振动的特性。在岩土介质体内从爆源向四周的传播过程中，介质体的内阻尼使地震波幅值衰减，但这种阻尼作用的大小因地震波的频率特性而异，由于高频振动阻尼作用较大，因此远距离范围的质点振动高频成分减得非常快，低频成分则相对增大了。正如前面所提到的，在各种不同介质中的爆破地震波所包含的能量仅占爆炸释放的能量的3%～20%，加之爆破近区的破坏效应显著大于爆破远区的破坏效应，因此爆破地震波能量特征常常被忽视。

3.4.2 爆破地震波的波速特点

波速是爆破地震波的一个重要方面，波速是波在介质中的传播速度，波的传播是波的能量衰减过程。波在介质中的传播速度，仅由介质性质决定，与波的频率、质点的振幅无关。

波的频率仅由波源决定，与介质无关。波传播时，介质中各质点的振动频率等于波源的频率。波长等于波速乘以频率的倒数，当波从一种介质传播到另一种介质时，波速发生变化而频率不变，所以波长也发生变化，因此介质分界面是波速和波长发生变化的界面，地质体中含有许多地质结构面，因此地质体中会出现波速不一样的现象。与波速相对应的是介质质点振动速度，质点振动速度是指在波能和外界因素的影响下质点相对于平衡位置做简谐运动的速度，质点的振动过程是质点能量衰减的过程。表 3-4-1 列举了一些常见介质的纵波和横波的传播速度。

常见介质的纵波和横波的波速 表 3-4-1

序号	介质名称	密度(g/cm^3)	纵波速度(m/s)	横波速度(m/s)
1	花岗岩	2.67	3960 ~ 6096	2133 ~ 3353
2	砂岩	2.45	2438 ~ 4267	914 ~ 3048
3	石灰岩	2.65	3048 ~ 6096	2743 ~ 6200
4	大理岩	2.65 ~ 2.75	4390 ~ 5890	3505
5	石英岩	2.85	6050	3765
6	页岩	2.35	1829 ~ 3962	1067 ~ 2288
7	混凝土	2.703.0	3566	2164
8	冲击层	1.54	503 ~ 1981	—
9	黏土	1.40	1128 ~ 2499	579
10	土壤	1.10 ~ 2.00	152 ~ 762	91 ~ 549

从表 3-4-1 中可以得出三点结论：①大部分介质的纵波波速大于横波波速，为横波波速的 2 倍左右；②不同介质的波速有较大差异，说明波速由介质性质决定；③横波不能在不能承受剪应力的介质中传播。

3.4.3 爆破地震波所含频率的丰富性

频率体现爆破地震波的变化的速率，高频波的变化速率快而低频波的变化速率相对要小，爆破地震波包含 0 ~ ∞ Hz 所有频率成分，而且频率谱是连续谱，不是离散的频率分量。

周期波可用傅立叶级数来表示，爆破地震波通过傅立叶积分分解后，则为连续的频率谱，通过频谱分析，可以得到爆破地震波的各种频率成分及其幅值与相位，这些对结构的振动特性、振型和动力反应的研究有着十分重要的意义。然而，在进行爆破地震安全评估时，常把爆破地震波视为复杂周期运动，认为是不同幅值、不同频率和相位的谐波合成，并且可以通过傅立叶积分从时域变换成频域上来描述。

通过共振原理可以得知，某一特定频率波能引起相应固有频率的结构体振动加剧的现象（即共振现象）。在结构分析中，结构体包含各种不同固有频率的结构或子结构，尤其是低频部分的成分波更是不容忽视。但又不能仅重视低频波而忽略高频波，有时高频波也在结构分析中有着显著作用。因此，爆破地震波的频率的丰富性的特性不容忽视。

3.4.4 威胁频率或频率段的集中性

爆破地震波在介质中传播,由于介质特性造成的高频滤波的特性,低频传播距离大。爆破地震波由应力波转化而成,其特点是距爆源较近时地震波的高频成分较为丰富,而且持续时间较短,随着爆破地震波的向远处传播,高频成分逐渐被吸收,在远处,振动速度幅值很小,故在一定距离以外,爆破地震波对环境不构成威胁。

不同的频率成分对结构、设备和人员的影响有着显著的差别。爆破地震波包含一个或几个主要的频率成分,这些频率成分对结构物的影响尤其显著,这些具威胁频率或频率段具有相对集中性,一般集中在较低频率段。

3.4.5 爆破地震波的危害特点

人们以往对爆破破坏效应的研究主要集中在针对爆破近区范围内的破坏机理和破坏程度等的研究,往往忽略了爆破较远区域可能发生的破坏效应,更是对爆破地震波的影响缺乏足够的重视。

近年来,虽然爆破地震波对结构所构成的威胁与危害愈来愈受到人们的关注,但由于爆破地震波危害的隐藏性与渐变性,并未引起足够的重视,越来越多的事例说明爆破震动的危害有时是很难估量的,甚至是毁灭和灾难性的。炸药爆炸产生的能量迅速传入地层,直接引起地层振动,而地层振动本身也表明对这些能量输入的反应。密闭炸药爆炸产生波峰更大、周期更长的脉冲出现,并导致较高的峰值振动和较低的频率反应。工程爆破工作人员多注意到爆破破碎效果不佳,就会导致地层振动的能量的额外增多,这在某种程度上是正确的。最易增大地层振动的方式之一是爆破最小抵抗线过大。有经验提示,爆破地震波的频率与爆破参数有关一定的因果关系。

3.5 爆破震动信号的提取

3.5.1 测试目的

爆破地震效应的测试是为了了解和掌握地震波的特征、传播规律以及建筑物的影响、破坏机理,以防止和减少对建筑物的破坏,从而最有效地控制爆破地震波的危害。通过对爆破地震波和建筑物动力响应的测试,可直接为爆破工程设计和施工提供服务。爆破地震波测试的实质是测量爆破地震动下介质质点振动规律。实际上只需要测量到爆破地震动时介质质点的振动位移、速度和加速度的时间历程曲线(通常称之为振动波形图),通过对波形图的分析、计算就可得到表征爆破地震波特性的基本参量,如幅值、持续时间、振动主频率(或周期)以及地震波的频谱等。

由于爆破破坏判据或震动安全标准是建立在对大量建筑物爆破震害的调查统计基础上的,具有一定统计规律,所示用来预估建筑物的振动有一定参考价值。但是应该指出,所以用质点的振动速度或加速度来衡量建筑物的振动效应,不能反映结构的真实受力状态和特性,也无法揭示建筑物破坏的机理,尽管在爆破破坏判据中也对不同类型建筑物(如木结构、砖石结构、钢筋混凝土等)作了不同的规定。但它忽视了结构本身的固有特性(如固有频率、阻尼比)对爆破振动效应的影响。根据结构动力学理论在爆破地震作用下结构的响应与爆破地震波的强度、频率特性以及结构的固有频率、阻尼比等因素有关。对同一类型结构,即使在同一爆破地震波的作用下，其效应也可能是不相同的，有时，甚至相差很大，结构固有特性的差异就是其主要原因之一。当结构本身的固有频率与爆破地震波的主频率一致或相近时，结构将产生剧烈的振动。因此，用爆破地震波物理量衡量爆破地震波对建筑物的振动效应只能是一个粗略的估计。

3.5.2　测试系统

根据不同振动现象的特点（频率、幅位和相角），振动测量方法与仪器的选择上都有所不同。图3-5-1所示为一般振动测试系统组成。利用传感器（拾振器或检波器）将振动参数转换成电信号，经过测振仪放大后，由记录仪器将振动波形记录下，再对振动信号进行分析处理或模拟试验。

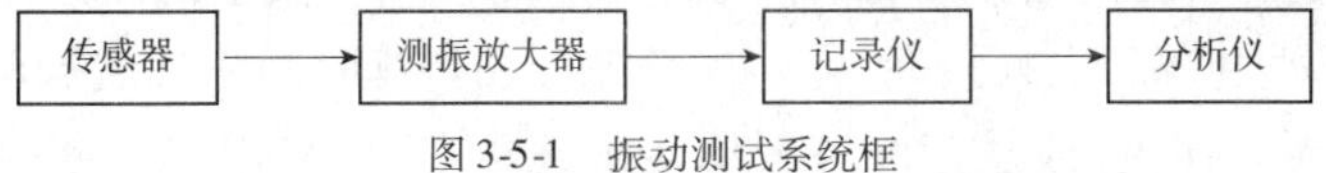

图3-5-1　振动测试系统框

其中最重要一个环节是传感器，在振动测量中，常用的传感器是按惯性式仪表原理设计的测振传感器，又称为拾振器，如电阻式、电感式、磁电式和压电晶体式振动传感器。测振仪（放大器）根据所用的传感器不同有动态应变仪、电荷放大器、电压放大测振仪等。记录和分析仪器多由模数周 D 转换器、计算机和软件完成。图3-5-2是IDTS3850爆破振动记录仪记录的爆破震动波形，振动结果计算机分析界面如下：

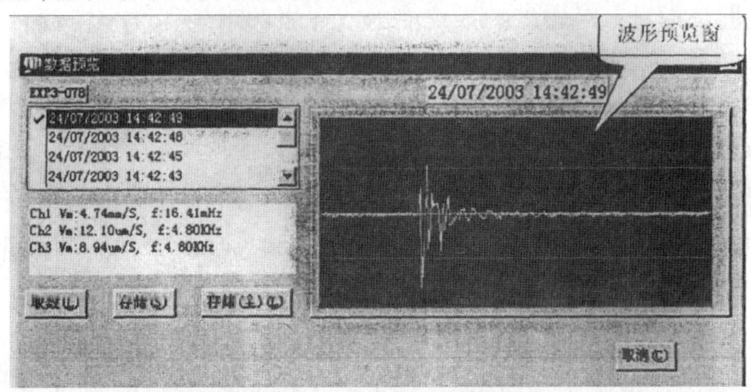

图3-5-2　振动测试结果显示图

通过相应的数据处理软件我们还可以对测试结果进行更进一步的分析，这些数据处理功能主要包括FFT频谱、功率谱、微积分、矢量合成以及萨道夫斯基公式回归分析等，数据经过处理后可以以图像和数据的形式直观地表现出来，这样更有助于我们进行研究，见图3-5-3。

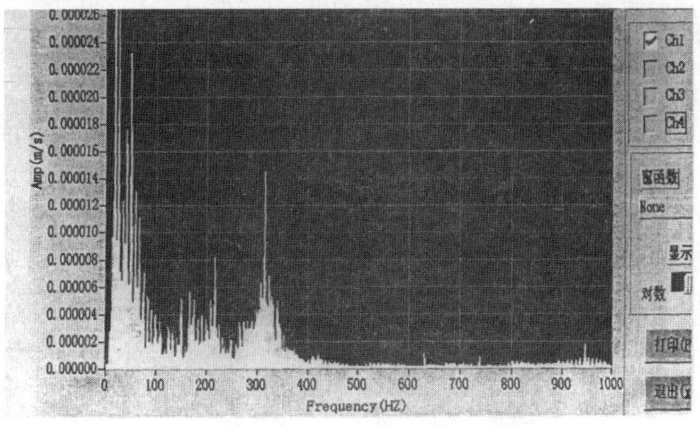

图3-5-3　FFT变化的频谱图

3.5.3 测试参数

振动是生产、生活和自然界普遍存在的一种物理现象。描述振动的特点，可以用加速度、速度、位移的振幅，频率或周期以及振动持续时间等振动参数来描述。从运动学的观点看，在加速度、速度、位移振动参数中，只要测量其中一个参数，其他参数可以通过微分、积分得到。描述简谐振动的方程中部包含圆频率 ω_0、振幅 A 和相位角 φ，只要测得 A 和 w_0。两个参数，就能算得位移、速度和加速度值。

爆破振动不是简单的简谐振动，而是由许多不同频率和振幅的简谐振动合成的复合振动。但一般仍用最大振幅，主频频率，另外再考虑振动持续时间来描述振动体振动。从记录的位移波形确定振动速度，或从速度波形确定加速度时，可采用求波形的斜率(微分)的办法；从记录的速度波形确定位移，或从加速度波形确定速度时，可采用求波形面积(积分)的办法。

3.6 影响岩石爆破性的因素

岩石的爆破性是指岩石对爆破的抵抗能力或可爆的难易程度。爆破岩石的目的是根据爆破任务的要求，把岩石从岩体中脱离，破碎成一定的块度，移动或抛出一定距离，并堆成一定的形状等等。岩石的爆破性是岩石自身物理力学性质、炸药、爆破技术工艺的综合反映，它不仅是岩石的单一固有属性，而且是岩石一系列固有属性的复合体，它在爆破过程中表现出来，并影响着整个爆破效果。

影响岩石爆破性的主要因素，一方面是岩石本身的物理力学性质的内在因素；另一方面是炸药性质、爆破技术工艺等外在因素。前者决定于岩石的地质生成条件、矿物成分、结构和后期的地质构造，它表征为岩石密度或容重、孔隙性、碎胀性、弹性、塑性、脆性和岩石强度等物理力学性质；后者则取决于炸药类型、药包形式和重量、装药结构、起爆方式、间隔时间、最小抵抗线与自由面的大小、数量、方向以及自由面与药包的相对位置等。

炸药爆炸对岩石的爆破作用主要有两个方面，其一是克服岩石颗粒之间的内聚力，使岩石内部结构破裂，产生新的断裂面；其二是使岩石原生的、次生的裂隙扩张面破坏。前者取决于岩石本身的坚固程度，后者则受岩石裂隙性所控制。因此岩石的坚固性和岩石的裂隙性是影响岩石爆破性最根本的影响因素。

岩石的物理力学性质与组成岩石的矿物成分、结构与构造、风化程度等有关。岩石的物理性质包括岩石的重度、密度、孔隙度、温度、导热性、导电性，碎胀性、耐风化侵蚀性等。

岩石的力学性质包括岩石的弹性、塑性、脆性、韧性、流变、松弛、弹性后效、强化等变形性质和抗压、抗拉、抗弯曲、抗剪等抵抗外力作用的强度。

岩石性质的特殊性表现在：组织成分和结构构造复杂，因而具有各向异性、不均匀性、脆性、非线性变形等特性。抗压强度远比抗拉、抗剪强度大(抗拉强度比抗压强度小 90% ~ 98%，抗剪强度比抗压强度小 87.5% ~91.7%)。此外岩石的力学强度与其密度关系很大，密度的增大将促使其力学强度迅速提高。

1)典型岩石的物理力学特性

要取得良好的工程爆破效果,必须了解岩石的物理力学特性。因为岩石本身的物理力学性质是最主要的影响因素,其次是根据现场的有关条件,综合分析并选取适宜的爆破方式及参数。只有这样,才可望取得良好的工程爆破效果。

2)岩石的结构(组分)、内聚力和裂隙性对岩石爆破条件的影响

矿物是构成岩石的主要成分,矿物颗粒越细、密度越大、越坚固,则愈难于爆破破碎。矿物密度可达4g/cm^{3}以上,岩石的容重不超过其组成矿物的密度。岩石密度一般为1.0~3.5g/cm^3。随着密度增加,岩石的强度和抵抗爆破作用的能量也增加,破碎或抛移岩石所消耗的能量也增加,这就是一般岩浆岩比较难以爆破的原因。

岩石又是由具有不同化学成分和不同结晶格架的矿物以不同的结构方式所组成。由于矿物成分的化学键各不相同,则其分子的内聚力也各不相同。通常,晶体之间的内聚力,都小于晶体内部分子之间的内聚力。并且晶体越大,内聚力越小,粗粒岩石的强度一般比细粒岩石的小,且比细粒岩石易爆。

岩石普遍存在着以孔隙、气泡、微观裂隙、节理面等形态表现出来的缺陷,这些缺陷都可能导致应力集中。因此,微观缺陷将影响岩石组分的性质。大的裂隙还会影响整体岩石的坚固性,使其易于爆破破碎。岩体的裂隙性,不但包括岩石生成当时和生成以后的地质作用所产生的原生裂隙,而且包括受生产施工、周期性连续爆破作用所产生的次生裂隙。它们包括断层、褶曲、层理、节理、不同岩层的接触面、裂隙等弱面。必须指出,当岩体本身包含着许多尺寸超过生产所规定的大块(不合格大块)的结构尺寸时,只有直接靠近药包的小部分岩石得到充分破碎,而离开药包一定距离的大部分岩石,由于已被原生或次生裂隙所切割,在爆破过程中,没有得到充分破碎。在爆破振动或爆生气体的推力作用下,脱离岩体,移动,抛掷成人块,这就是裂隙性岩石有的易于爆破破碎,有的则易丁产生大块的两重性。一般垂直层理,裂隙爆破时,比较容易破碎;而平行或顺着层理,裂隙的爆破则困难一些。

3)岩石重度、孔隙率和碎胀性对岩石爆破性的影响

岩石重度表示单位体积岩石的重量,其体积包括岩石内部的孔隙。岩石的孔隙率等于孔隙的体积(包括气相或液相体积)与岩石总体积之比。可用单位体积岩石中孔隙所占的体积表示,也可用百分率表示。通常岩石的孔隙率为0.1%~50%,一般岩浆岩为0.5%~2%,沉积岩为2.5%~15%。当岩石受压时,孔隙率减少。然而随着孔隙率的增大,冲击和应力波在其中的传播速度降低。重度大的岩石难以爆破。因为要耗费很大的炸药能量来克服重力,才能把岩石破裂、移动、抛掷。

岩石的碎胀性是岩体破碎后体积松散膨胀的性质。破碎后的岩石体积与破碎前的比值称为碎胀系数。碎胀性与岩石的结构及被破碎的程度有关,根据它可以衡量岩石的破碎程度。隧道中的掏槽爆破设计就要考虑岩石的碎胀系数,尤其是深孔掏槽爆破。砂岩的碎胀系数一般为1.0~1.5。

4)岩石弹性、塑性、脆性和岩石强度对岩石爆破性的影响

塑性岩石和弹性岩石受外荷载作用超过其弹性极限后,产生塑性变形,能量消耗大,将难于爆破(如黏土性岩石),而脆性岩石(几乎不产生残余变形)、弹脆性岩石均易于爆破。

岩石的塑性和脆性不仅与岩石性质有关,而且与它的受力状态和加载速度有关。位于地下深处的岩石,相当于全面受压,常呈塑性,而在冲击荷载下又表现为脆性。当温度和湿度增加,也能使岩石塑性增大。通常,在爆破作用下,岩石的脆性破坏是主要的、大量的。相反,靠近药包的岩石,却易成塑性破坏,虽然其破坏范围很小,但却消耗了大部分能量于塑性变形上。

岩石强度是表示岩石抵抗压、剪、拉等应力,以致岩石破坏的能力。它原是材料力学中用以表示材料抵抗上述三种简单应力的常量,且是在单轴静载作用下的测定指标。而爆破时,岩石受的是瞬时冲击荷载,所以应对岩石强度赋以新的内容,强调在三轴作用下的动态强度指标。只有如此,才能真实地反映岩石的爆破性。

4 爆破震动对民房的影响及控制

爆破地震被公认为爆破公害之首,对建筑的危害尤为严重,本章将着重介绍爆破地震波的特征及传播规律,爆破震动对民房的影响,爆破震动的预测及破坏判据,爆破振动测试与分析以及爆破振动的控制。

炸药在岩体中爆炸时,一部分能量对炸药周围的介质引起扰动,并以波动形式向外传播。通常认为:在爆炸近区(药包半径的 10~50 倍)传播的是冲击波。在中区(药包半径的 15~400 倍)为应力波。因应力波到达界面产生反射和折射叠加结果便形成了地震波。地震波是一种“弹性波”,它包含在介质内部传播的体波和沿地面传播的面波。

体波可分为纵波 P 波和横波 S 波。纵波是由震源向外传播的压缩波,在传播过程中能引起介质产生压缩和拉伸变形。其特点是周期短,振幅小和传播速度快。横波是由震源向外传播的剪切波,在传播过程中能引起介质质点产生剪切变形。它的特点是周期较长,振幅较纵波大,传播速度次于纵波。面波仅限沿地面传播,它是体波在自由面多次反射叠加而成,主要包含瑞利波和勒夫波。其特点是周期长振幅大,传播速度较体波快,衰减也较慢,但携带的能量较大。面波是造成爆破地震破坏的主要原因。在一幅完整的爆破地震波的记录图形中,一开始是一系列振幅较小,频度较高的波形,主要是纵波 P 波和横波 S 波,紧接着一段振幅较大,频率较低的波形,这是瑞利波 R 波,持续一段时间,波形逐渐衰减。

在爆破的一定范围内,当爆破引起的地震动达到足够的强度时,就会造成各种破坏现象,如滑坡、建筑物或构筑物的破坏等,这种爆破地震波引起的现象及后果称为爆破地震效应,它受到各种因素的影响。如爆源的位置、炸药药量的大小、爆炸方式、传播途径中的不同介质和局部场地条件等。同时,对建筑物的灾害而言,爆破地震波或爆破震动仅是外部条件,而建筑物的结构特性和材料特性是其内部条件。它又与地基特性和约束条件以及施工质量等因素有关。因此,爆破地震效应是一个包含建(构)筑物本身以及爆破地震波多种因素的综合性的现象。

4.1 爆破地震对民房的影响

4.1.1 爆破动力危害分析

在爆破地震作用下,建筑物受到振动加速度的作用,产生惯性力,可能引发建筑物结构和非结构破坏,所以对于爆破震动危害,主要应研究地震的动加速度和造成结构动力响应的荷载。

1)爆破震动加速度

基岩内爆破震动将随岩内传播距离 R_L增加而很快衰减,其衰减规律近似萨氏公式,即:

最大垂直振动加速度： $A_H = K_H \cdot S_s \cdot (Q^{1/3}/R_L)^{\alpha_h}$ (4-1-1)

最大水平振动加速度： $A_L = K_L \cdot S_s \cdot (Q^{1/3}/R_L)^{\alpha_L}$ (4-1-2)

式中：K_H——垂直振动波在基岩内的传播系数；

α_h——垂直振动波在基岩内的衰减系数；

K_H——垂直振动波在基岩内的传播系数；

α_L——水平振动波在基岩内的衰减系数；

Q——同段最大炸药量，kg；

S_s——土层放大系数。

当爆破地震波透射入土层后，由于地表的多次反射和岩土界面的反射和透射，与土层固有频率接近的震波将被放大，其他频率的震波在传播中快速衰减。土层对爆破震动的放大效应，使主震相的前震段振幅急剧增大，而后震段振幅快速衰减。高频震波的前震段引起建筑物的反应，会干扰最大振幅时引发建筑的响应。

因此，研究爆破震动对建筑物的危害时，除了要重视最大加速度、速度的幅值、对应的频率和作用时间外，还要注意前震段形态的影响。

2）爆破地震荷载

在研究建筑受地震影响时，近代土建行业已广泛地应用反应谱理论。参照该理沦，可以认为，爆破震动引发建筑的响应振动加速度主要与地表振动频率 f 和建筑物的固有频率 f_b 有关，当 f 与 f_b 一致或相近时，结构将产生剧烈振动。此加速度的惯性力形成地震荷载，在规则建筑底部，水平振动引起最大剪力，竖向振动引起最大竖向拉压应力。

砌体结构抗剪强度较低，在水平爆破振动作用下，砖砌房屋较易破坏。当爆源处在房屋横轴上时（图 4-1-1），由于墙平面内的刚度比墙平面外的刚度大得多，因此可假设震动引起的剪力在横向上的分量 Q 全部山横墙承受，而邻近点爆源的柱（或球）面波在纵向墙上的剪力则因轴对称而相互抵消，剪应力小而可以忽略。

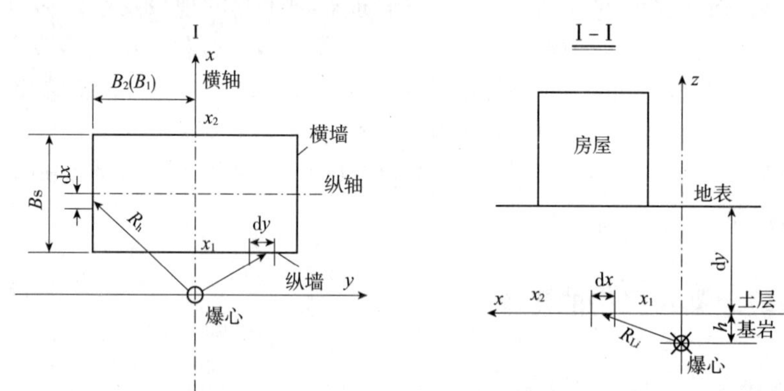

图 4-1-1　交叉斜裂缝

$$Q_0 = \sum_{i=1}^{n_l} \int_{x_1}^{x_2} X \mid a_{lm} \mid \beta_l R_m^{-1} \cdot \mathrm{d}W = K_l(Q^{1/3})\alpha_l\beta_l \sum_{i=1}^{n_l} k_{xi} W_l \tag{4-1-3}$$

式中：a_{lm}——地表最大水平振动加速度系数；

k_{xi}——点爆源水平震动对第 i 横墙辐射时程效应系数；

n_l——横墙数；

W_1——第 i 横墙分配承受房屋质量，kN。

$$K_v = \int_{x_1}^{x_2} x \cdot R_{lt} R_{tn} \cdot (x_2 - x_1)^{-1} \mathrm{d}x, R_{ln} = (x^2 - B_t)^{1/2}, R_{lt} = (R_{ln}{}^2 - h^2)^{1/2} \quad (4\text{-}1\text{-}4)$$

式中：B_i——横墙对房横轴距，m；

h——基岩面下爆源深度 m；

x——房屋横向水平坐标，m；

x_2、x_1——横墙 x 上、下限，m。

从 K_{xl} 计算式可见，建筑面积 $2B_0$(长)XB_S(宽)愈大，辐射时程效应系数 K_{xl} 就愈小。在爆破震动水平剪力的作用下，砖砌房屋底层的窗间横墙易产生45°交叉斜裂缝。

爆源近处，竖向振速大于水平向，且频率低，结构的纵横墙、柱都同时承受惯性力，爆破震动辐射时程效应系数大，竖向响应加速度可大于水平方向。当屋顶向上最大惯性力大于其质量时，在顶层窗的上沿灰缝内，可能出现水平张拉裂缝。结构响应的竖向振动加速度，在顶部最大，屋盖向下的最大加速度，将引起抹灰、天棚、吊灯、挂饰等建筑作结构向下的惯性力。

3）安全药量

砖砌房屋抵抗水平震动的能力弱，它的现浇和装配整体式硅楼盖在计算承重墙抵抗剪力时应视为刚体，其下承受地震剪力，按承受墙的刚度分配。对于木结构等柔性楼盖房屋，由于它刚度小，可按墙从屋盖、楼盖面积上的重力荷载代表值的比例分配。由此验算水平剪力最易破坏墙的安全系数 K_s，K_s大于2可认为安全。

$$K_s \geqslant \tau_b A_i / \lambda Q_{o_i} \quad (4\text{-}1\text{-}5)$$

式中：τ_b——验算抗震强度时砖砌体的抗剪强度，MPa；

Q_{o_i}——i 墙土分配的剪力，10^3kN；

A_i——在 i 墙1/2高度处的净截面面积，m^2；

λ——应力分布不均匀系数，对矩形截面，取1.2。

在计算墙承受竖向地震力时，应按承重墙承受屋盖、楼盖静荷载比例分配。顶层最易拉坏墙的安全系数为：

$$K_s \geqslant SA_l / \lambda(\xi_R F_{nfi} - W_{nfi}) \quad (4\text{-}1\text{-}6)$$

式中：S——验算抗震强度时砖砌体的抗拉强度，MPa；

W_{nfi}——墙承受的静重，10^3kN；

F_{nfi}——在 i 墙的竖向惯性力，10^3kN；

ξ_R——爆心距引起的承受墙惯性力不均系数，取1.3；

A_l——在 i 墙高度处的净截面而积，m^2。

4.1.2 爆破地震对民房影响的主要因素

炸药量和爆心距是影响地震的主要因素，爆破类型爆破延时间隔时间和建筑物固有频率又决定对地震的响应。

1)炸药量

由(4-4-3)式得建筑物底部剪力： $Qo = C_l Q^{a_L/3}$ (4-1-7)

则砖房的安全系数： $K_s = C_2 Q^{-a_L/3}$ (4-1-8)

式中：C_1、C_2为比例系数，$C_i = k_l \beta_l E_l \sum_{i=1}^{n_c} K_{X_i} W_i$

从上式中可见，单响药量增加，安全系数 Ks 下降，底部剪力 Qo 增大。同理，安全系数 K_t 下降，竖向惯性力 Fo 增大，楼盖加速度 A_{dt} 也增大，但变化率均随药量 Qo 的增加而降低。

2)爆心距

爆心距 x_1、h 对建筑物的动力影响反映在 K_{xi} 和 K_{zi} 值上，由各自的计算式可见 K_{xi} 和 K_{zi} 随 x_1、h 增大而减小，而安全系数 Ks、Kt 随之增大。建筑面积的长 $2Bo$、Bs(即 $x_2 - x_1$)，同样决定爆震的危害。当 Bo、Bs 增加，Kxt、Kz 减小大于 Qo、Fo 增加的因素，同时还因墙抗剪、抗拉面积增大，安全系数 Ks、Kt 必是随 Bo、Bs 增加为增大。

3)微差爆破延时间隔时间

实测波形分析表明：在毫秒延迟微差爆破中，随着爆破规模的增大，延迟间隔也需要增大，毫秒延迟爆破引起的震动比齐发爆破具有幅值小、频率高、持续时间短等特点，如果两个波形互相叠加，当延迟间隔时间等于传播介质的震动周期时，震动强度最大；当延迟间隔时间接近 $0.5T$ 或 $1.5T$ 时，震动强度较小。同时，震动强度小的延迟间隔时间长短，不但与爆破的岩石物理性质有关，而且随爆破规模的增大而增大。

在评判爆破震动的危害时，除考虑爆破震动强度作为判据外，爆破震动频率也是一个不容忽视的重要因素。如果爆破产生的地震频率与附近建筑物自振频率接近一致，很可能引起结构物剧烈振动，甚至导致破坏。通过对地震波形研究不难发现，齐发爆破的震动频率较小，而微差爆破的震动频率较高。高频地震波振幅小，在传播中衰减快，为了更好地说明以上原因，现通过傅立叶分析进行论述。

首先令 $S_j(f)$ 为单个延迟段爆破震动信号的频率，它是该段药量和炸药品种的函数，在令 $A_j(f)$ 和 $e_j(f)$ 为相应的幅值谱和相位谱，则有：

$$S_j(f) = A_j(f) e^{\varphi_j(f)} \tag{4-1-9}$$

式中：f——震动频率。

对于具有 n 个延迟段的微差爆破来说，其总的频率 $S_T(f)$ 即为各个延迟段频率 $S_j(f)$ 在相应延迟后的形式综合，即：

$$S_T(f) = \sum_{i=1}^{n-1} A_j(f) e^{\varphi_j - 2\pi d_j f} \tag{4-1-10}$$

式中：d_j——第 j 个延迟段的起爆时间。令 $\beta_j(f) = \varphi_j(f) - 2\pi d_j f$

则有：

$$S_T(f) = \sum_{i=1}^{n-1} A_j(f) \cos\beta_j(f) + i \sum_{i=1}^{n} A_j(f) \sin\beta_j(f) \tag{4-1-11}$$

$$A_T(f) = \{[\sum_{l=1}^{n} A_j(f) \cos\beta_j(f)]^2 + [\sum_{l=1}^{n} A_j(f) \sin\beta_j(f)]^2\}^{\frac{1}{2}} \tag{4-1-12}$$

若各段药包独立起爆，则各自在的频率相似，只差一个恒定的比例系数 a_j，从而得：

$$S_j(f) = a_j S(f) = a_j A(f) e^{l\varphi(f)} \tag{4-1-13}$$

称 a_j为药包系数,$S(f)$为爆破源函数。

将式(4-1-12)代入式(4-1-11)得:

$$A_{\mathrm{T}}(f) = A(f)\left[\left(\sum_{l=1}^{n} a_j \cos 2\pi d_j f\right)^2 + \left(\sum_{l=1}^{n} a_j \sin 2\pi d_j f\right)^2\right]^{\frac{1}{2}} \tag{4-1-14}$$

若每个延迟段药量相等,各段延迟时间也相同,则具有 n 个延迟段的爆破震动幅值谱为:

$$A_{\mathrm{T}}(f) = A(f)\left|\frac{\sin\pi ndf}{\sin\pi df}\right| \tag{4-1-15}$$

从以上公式得出:为减少受震动结构的震动量,延迟间隔时间 d 应选为在 n/d 时受震动结构不会产生共需之处,因此通过频谱分析获得的爆破震动特性,选择合理的微差间隔时间可有效控制爆破震动的主频率。

4)房屋固有频率

建筑物固有频率 f_b 与地震频率 f 相差愈大,房屋的地震反应就愈小。

4.2 爆破震动预测及破坏判据

爆破振动所研究的课题,就是寻求它随药量、爆心距、传播介质和局部场地变化而变化的规律,振动强度对建筑物的影响,降低振动强度的措施等。有了这些规律,人们就可以对爆破振动效应进行预测,或根据爆破时爆区周围建筑物不受损坏的条件,来选择最佳的药量和爆破方式,以及根据条件来设计抗震建筑物。

4.2.1 爆破震动预测

衡量爆破震动强度的一个重要指标是介质质点运动的各物理量峰值,如质点振动位移峰值、速度峰值和加速度峰值。但以哪种物理量作为衡量标准最合适,目前国内外有不同观点。因为爆破地震作用是一种动力作用,为区别于静力作用,在爆破工程中,广泛采用最大加速度和最大速度。但是在最大加速度和最大速度中,究竟采用哪一个更好,不同的学者有不同的看法。有的认为对建筑物的破坏起重要作用的是质点速度,采用速度的优点是地震波所携带的能量与所产生的地应力,结构中产生的动能和内应力相联系;有的认为是质点加速度,采用加速度的优点是和爆破地震产生的惯性力相联系,便于换算爆破地震荷载及建筑物的应力分析。后来人们通过大量的观测,得到的结果表明爆破地震破坏程度与振动速度的大小的相关性较好。另外,当炸药量,爆心距和最小抵抗线相同,而传播地震波的岩土介质有变化时,振动速度值虽有一定的变化,但较之加速度而言,振动速度与岩土性质有较稳定的相关关系,规律性较好。因此,目前多采用速度来表征爆破震动强度。由于影响爆破震动强度的因素非常多,难以找出表述爆破震动强度的具体数学函数表达式。世界各国学者从试验入手,运用量纲分析,得出了不同的爆破震动强度经验预测公式。其中,应用较多的有以下几个公式:

1)Grandell 能量经验式

$$v = K\left(\frac{\sqrt{E}}{R}\right)^{\alpha} \tag{4-2-1}$$

式中：v——峰值质点振动速度，cm/s；

E——炸药爆炸能量，T·m/kg；

R——测点至爆源的距离，m；

K,α——场地系数，与介质条件有关。

2）美国矿业局（USBM）经验公式

$$v = K\left(\frac{R}{Q}\right)^{\alpha} \tag{4-2-2}$$

式中：Q——装药量（齐发爆破时为总药量，延期爆破时为单段最大装药量），kg；

其他符号意义相同。

3）瑞典 Langeofrs 和 ^{e}hlstron 得出的经验公式

$$v = K\left(\sqrt{\frac{Q}{R^{1.5}}}\right)^{\sqrt{\frac{Q}{R^{1.3}}}} \tag{4-2-3}$$

符号与式(4-2-2)相同。

4）Ghosh 和 Daemen 得出的经验公式

$$v = K\left(\frac{\sqrt{Q}}{R}\right)^{\alpha} \mathrm{e}^{-pR} \tag{4-2-4}$$

式中：p——衰减指数；

其他符号意义与式(4-2-2)相同。

5）Palory 得出的经验公式

$$v = n + K\left(\frac{\sqrt{Q}}{R}\right) \tag{4-2-5}$$

式中：K,n——拟合参数；

其他符号意义与式(4-2-2)相同。

6）日本的常用公式

$$v = \frac{CQ^{0.75}}{R^{2}} \tag{4-2-6}$$

式中：C——与爆破条件有关的系数，露天爆破时 $C=100$；隧道爆破时 $C=300$；

其他符号意义与式(4-2-2)相同。

7）萨道夫斯基经验公式

$$v = K\left(\frac{\sqrt[3]{Q}}{R}\right)^{\alpha} \tag{4-2-7}$$

式中：K,α——与爆破条件、介质等有关的系数；

其他符号意义与式(4-2-2)相同。

8）ndborg、Holmberg 和 persson 提出的经验公式

$$v = KQ^{\alpha}R^{\beta} \tag{4-2-8}$$

式中：K——经验系数；

α,β——与场地有关的衰减指数；

其他符号意义与式(4-2-2)相同。

上述经验公式及回归方程中基函数的形式与预测精度有直接的关系,对于较复杂的爆破方式基函数的确定以及相应系数的求解往往具有一定困难,有时用经验公式对采集到的数据进行曲线拟合所得的结果相关性较差,甚至拟合失败。另外,采用经验公式对爆源远区的预测精度往往较低。近年来,人工神经网络理论在岩土工程中得到了较为广泛的应用,对于多因素影响下的地震波振速预测,可根据其变化特点建立相应的网络模型。为此,张继春、徐全军等人将神经网络模型引入到爆破地震波峰值的预报中,并取得了较好的效果,为爆破地震波峰值的预测提供了另外一条途径。他们的研究成果表明,基于先验知识的前馈网络模型能较准确的反映岩体爆破中质点振速与药量、距离的相互关系。张继春等人通过用前馈网络模型对三峡基岩的爆破震动试验所产生的质点振速进行预测,发现预测结果与实测结果的平均相对误差为3.5%,而用萨道夫斯基经验公式,平均相对误差达到34%。

对于爆破地震动的质点振动最大加速度的计算经验公式与振动最大速度经验公式形式是相同的,只是式中的系数K、α数值不同。

上述计算公式中的系数K、α值的确定是通过大量现场试验,对所测得数据经数理统计,分析而得到的。我国一些研究单位在不同场地,不同药量,不同爆心距情况下进行爆破震动观测,得到系数K、α值变化范围较大。见表4-2-1,这是由于场区条件个别性强,地震波的传递函数各异之故。因此,在具体应用这些经验公式时,对系数K、α的选取应十分慎重,一般都要通过现场爆破试验求得。所以,对于一些重要工程,往往通过小药量现场爆破试验,测得质点振动最大速度或最大加速度,按(3~15);(3~16)进行二回归分析,从而得到比较符合实际情况的α、K值,若按工程类比法选取时,只能以与工程建设场地的地质条件和爆破方式大至相似的经验公式中的K、α值作参考。

k、α 值实例 表4-2-1

地质简况	k	α	地质简况	k	α
1. 露开深孔齐发爆破			混合片麻岩	120	1.43
石灰岩抛掷爆破(前方)	130	1.8	大理岩(直孔)	273.8	1.6
石灰岩抛掷爆破(后方)	340	1.8	大理岩(斜孔)	107	1.5
石英闪长岩	136	1.6	内长岩(直孔)	20	0.7
透辉石矽卡岩	279	1.6	内长岩(斜孔)	50	1.0
混合岩	126	1.67	$f=12\sim16$ 矿石(直孔)	63	1.3
2. 露天深孔微差爆破			$f=12\sim16$ 矿石(斜孔)	130	1.7
石英角斑岩	100	1.61	几个矿山阶段爆破综合	302	1.8
石英闪长岩	153	1.6	几个矿山掘沟爆破综合	443	1.74
花岗岩、混合岩	374	1.8			

4.2.2 爆破震动破坏判据

目前,对爆破震动安全评估研究主要是基于爆破振动安全判据进行的。在爆破工程施工中,为确保保护对象的安全,需将爆破震动强度控制在一定临界值内。若强度超过此临界值,就可能引起保护对象的破坏。这个爆破震动强度的临界值称为爆破振动安全判据。早期爆破震动安全判据通常以单独的爆破震动强度因子(质点振动位移、速度、加速度)来描述,而对振动频率、持续时间和振动次数缺少考虑。如 Edwards 和 Northwood(1960),美国矿业局(1971)提出以质点振速作为爆破地震破坏的准则,认为振速峰值小于 5cm/s 时,周围建筑物结构破坏的可能性很小;Langefors 等提出无衬砌隧道内振速峰值在 30.5cm/s 和60cm/s 时,分别会产生岩石下落和新裂缝。

随着人们对爆破震害的深入研究,发现建筑物在爆破地震作用下的破坏与建筑物的动力特征有关,因而其破坏程度不仅取决于震动的幅值,而且还与震动的频谱有关。魏晓林、叶海旺、阳生权等人根据结构理论,结合现场监测,在一定程度上分析了爆破地震波频率对结构动力响应的影响。大量的工程实践表明,单一的爆破震动强度因子作为爆破震动安全判据,是不能全面反映爆破震害实质的,有时甚至得到错误的结论。鉴于此,一些学者认为较为合理的方法是把地振动幅值和频谱纳入到爆破震害评估标准中去,如美国的 USBM、OSMRE 标准、德国的 DIN4150 爆破振动安全标准、瑞士和捷克也提出了相应的评判标准。我国学者吴德伦、唐春海和于亚伦等人在考虑频率因素的基础上,针对不同的结构物,也提出了不同的爆破振动速度控制标准。我国在借鉴现有研究成果的基础上,对爆破安全规程进行了修订,于 2011 年颁布了新的《爆破安全规程》(GB 6722—2011),该安全规程规定在进行爆破震动效应安全评估时应采用保护对象所在地质点峰值振动速度和主振频率两个指标作为爆破震动安全判据。

上述这些爆破振动安全判据的虽然在一定程度上考虑了地振动幅值和频率因素的双重影响,针对不同频带的爆破地震波分别制定了安全允许振速,但频段划分宽度过大(一个频带的最小值和最大值相差 40 ~ 50Hz),仍然显得较为粗糙,并且没有考虑到同类型建筑物之间的个体固有特性差异,这将可能影响到爆破震动安全评判的准确性。

此外,阳生权等人认为既然爆破震动强度是由震动幅值、频率、持时三因素决定的,就应建立能反映这三因素影响的多参数安全判据,但是没有提出如何建立多参数判据的具体方法。娄建武、龙源等人认为反应谱曲线对时间的积分综合体现了振动信号的振动幅度和频率特征,提出了采用反应谱曲线积分值来评估爆破震动破坏效应的思想。谢全敏等人则提出用灰色系统理论来考虑多因素的影响,评定爆破震动强度和确定控制标准,以此来取代多参数安全判据。但在综合考虑这些影响因素时,如何确定各因素的影响权值,成为运用该方法的难题。

为确保建筑物的安全,需将爆破震动强度控制在一临界值内。若超过此临界值,就会引起建筑物的破坏。爆破震动强度临界值称为爆破震动破坏判据。爆破地震危害重要因素一般包括震动强度、震动频率、震动持续时间等,但究竟哪一种物理量是最佳判据,可以按下列几条标准来选择:

(1)是决定爆破震动破坏力的主要因素;

(2)与药量和爆心距应有较好的相关性;

(3)能用简单的仪器来测定。由于建筑物本身的多样性,虽然经过了大量的实测工作,但要确定出一个统一的判据是比较困难的。

因此,各国目前对于破坏判据尚无统一的规定。例如,美国早期曾采用加速度作为地震动强度的指标,而英国、葡萄牙、加拿大、瑞典、俄罗斯等国则采用质点振动速度作为地震动强度的指标。但是,由于在爆破震动作用下使建(构)筑物破坏的主要因素是振速和频率,仅考虑单一因素是不合理的。因此,一些主要西方国家在制定爆破震动安全标准时,普遍考虑了振速和频率的共同影响。举例说明如下:

(1)美国的爆破震动安个判据。根据对建筑物的保护程度不同,不同行业部门制定了不同的安个判据。美国矿业局(USBM)和(OSMRE)分别制定了各自的标准,将此两个标准合成以后,成为目前国际上比较流行的爆破震动安全判据(图4-2-1)。

(2)德国爆破震动安全判据(BRD—DIN4150)。将建筑物分为工业和商业建筑、民用建筑、重点保护建筑三种类型,综合考虑了爆破引起的最大质点振速和振动频率的影响,充分反映了不同频率的爆破震动对建筑物的影响,见图4-2-2和表4-2-2。

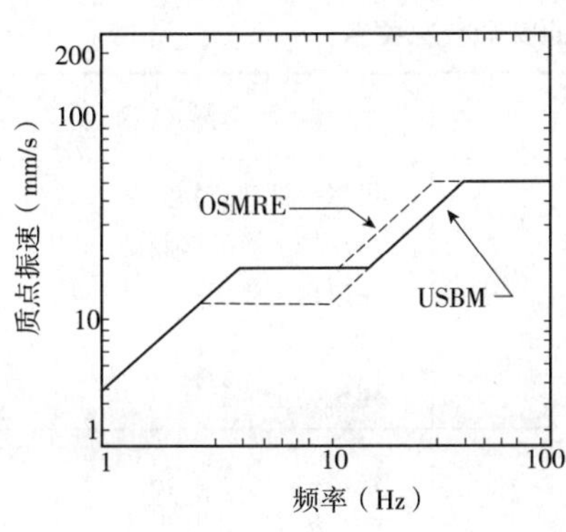

图4-2-1　USBM 和 OSMRE 安全判据图

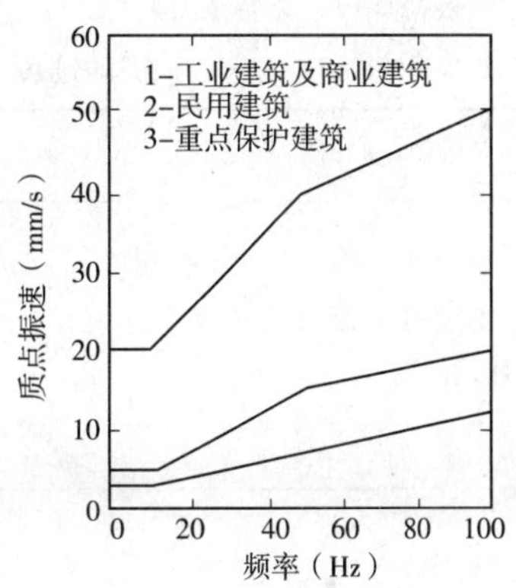

图4-2-2　DIN4150 爆破震动安全标准

德国标准(DIN4150)　　表4-2-2

建筑物类型	频率范围(Hz)	合速度(mm/s)
工业建筑及商业建筑	10	20
	10～50	20～40
	50～100	40～50
民用建筑	10	5
	10～50	5～15
	50～100	15～20
重点保护建筑	10	3
	10～50	3～8
	50～100	8～12

爆破对建筑物和人的作用关系见表4-2-3～表4-2-7。多数国家在安全规程或实际应用中,将建(构)筑物的破坏程度大致分为没有破坏、轻微破坏、严重破坏三类;也有分为没有破坏、微细裂缝和抹灰脱落、开裂、严重开裂四类,并给定每一类破坏的临界值表4-2-8和表4-2-9。

砖建筑物与构筑物的破坏与振速的关系　　表4-2-3

级 别	砖式建筑物和构筑物的破坏情况	振速(cm/s)	
		Ⅰ	Ⅱ
5	抹灰中有细裂缝,掉白粉,原有裂缝有发展,掉小块抹灰	0.75~1.5	1.5~3.0
6	抹灰中有裂缝。抹灰成块掉落:墙与墙之间有裂缝	1.5~6	3~6
7	抹灰中有裂缝并有破坏现象:墙上有裂缝,墙之间联系被破坏	6~25	6~12
8	墙壁中形成大裂缝,抹灰被大量破坏,砖体分离	2.5~37	12~24
9	建筑物严重破坏;构件联系破坏:支承墙间有裂缝;屋檐、墙壁可能倒塌:不太好的新老建筑物被破坏	37~60	24~48

注:Ⅰ——根据A·B·萨弗诺夫等人的资料。

Ⅱ——根据C·B·米特维杰夫的资料。

振动速度与建、构筑物的安全状况关系　　表4-2-4

资料来源	垂直振速(cm/s)	破坏程度
铁道部《铁路I程爆破安全规则》1975年9月试行规定	≤5 12 20 50 150	可以保证建筑物安全 房屋抹灰有开裂脱落 一般房屋受损 建筑物全部破坏
冶金部长沙矿山研究院实测值	0.294~0.56 8.1~1.1 13.5~24.7 46.8~81.5	已松动的小土掉落 产生松石及小块振落 产生细裂缝或原裂缝严重扩张 产生4~5cm大裂缝或原裂缝严重扩张
中国科学院地球物理研究院资料	10~15 >30 60~70	普通房屋产生轻微破坏 一般有破坏 建筑物严重破坏
国际《土方和爆破工程施工及验收规范》(征求意见稿)	<0.2 0.2~0.4 0.4~0.8 0.8~1.5 1.5~3.0 3.0~6.0 6.0~12.0 24~48 >48	仪器可以记录到 寂静时可感受振动 某些人或熟知爆破的人感到振动 多数人感受到振动,玻璃窗振动 建筑物尖顶损坏 墙壁抹灰出现裂缝,建筑物发现变形 建筑物中等损坏,抹灰中有裂缝,成块抹灰掉落,墙壁中有裂缝,烟囱有裂缝 建筑物有很大损坏,承重结构和墙壁中有裂缝,抹灰大片掉落,烟囱倾倒 建筑物破坏,墙上有大裂缝,墙壁部分下沉建筑物剧烈破坏和倒塌

地震波对建筑物的影响程度　　表 4-2-5

V 值(cm/s)	影 响 程 度
12 ~ 14	墙出现裂缝
3 ~ 6	质量较好的房屋的允许限
1.5 ~ 3	已出现变形的房屋的允许限
0.8 ~ 1.5	陈旧房屋的允许限
1.0	居住房屋的允许限
3.0	工业建筑物允许限
1 ~ 6	粉刷裂缝,抹灰脱落
6 ~ 20	墙和其他构件出现裂缝,抹灰脱落
2.3	远离爆区的房屋允许限
12	构筑物允许限
10.2 ~ 12.7	砖石房屋开始破坏
10	地基不良时砌砖房严重破坏
13.2	砌筑在坚岩上的砖房无明显破坏
7.3	砖砌墙门框破坏
16	中等破坏
22.8	砖房严重破坏

质点振速峰值与建(构)筑物破坏程度　　表 4-2-6

质点震速(cm/s)	破 坏 特 征
19.3	50% 的抹灰严重破坏
13.7	50% 的抹灰轻微破坏
7.1 ~ 8.4	引起破坏的界限
5.1	美国矿务局推荐的对住宅建筑不产生破坏的安全标准

注:质点振速峰值为二向合成之峰值。

建筑物临界破坏速度　　表 4-2-7

	观 测 对 象	振动速度(cm/s)	破坏现象	备 注
建筑物	土窑洞	0.5	无破坏	
	电视台建筑物	3.5	无破坏	瑞典资料
	一般建筑物	5.0	抹灰裂缝	美国矿业局资料
	工业建筑物	10.0	无损坏	前苏联资料
	单层钢骨架建筑物	20.0	无损坏	前苏联资料
	大型砌块房屋	1.2 ~ 1.5	无损坏	
	框架结构,砖砌墙体	7 – 5	无损坏	
	框架结构悬接或大型板墙	5	无损坏	砖房或土坯房
	朱家包包大爆破的民房	6 ~ 10	轻度开裂	基地为含水褐黏土民房
	铜川口采矿爆破的民房	1.0	裂缝并变宽	建在回填土上无梁柱
	迁安铁矿附近民房	1.21	出现裂缝倾斜	上房
	山东铝厂水矿砖房	1.0	个别墙角裂缝	黄土基础
	郑州铝厂土窑洞	0.4 ~ 1.0	小块松土掉落	无衬砌土窑洞
	大冶铁矿砖房	3.5	无损坏	矿山安全判据
	金川露天矿公房	3.5	无损坏	同上
	官厅水库瓴房	4	无损坏	同上
	吉山铁矿公房	1.5 ~ 30	无损坏	同上
	青龙山白云石矿民房	2.0	无损坏	同上
	湘乡白云石矿土坯房	0.4	无损坏	同上

建筑物所允许的土壤振动速度　　表4-2-8

建　筑　物	允许的土壤振速(cm/s)		
	Ⅰ	Ⅱ	Ⅲ
建筑质量较好的抗震建筑物	5	7	10
钢筋混凝土或金属骨架无抗震的建筑物和构筑物	2	5	7
质量好的砖房,石头房	1.5	3	5
有小裂缝的砖石房和砖混房	1	2	3
有中裂缝的砖石房和砖混房	0.5	1.0	2.0
有大裂缝、内外墙联系破坏的砖石房	0.3	0.5	1.0

注:Ⅰ——有历史和建筑史学意义的建筑。
Ⅱ——特别重要的工业建筑物,住人较多的民用建筑。
Ⅲ——面积不太大而高度不大于三层的工民建。
Ⅳ——如果发生破坏不致影响人们生活和健康的工民建。

爆破地震对建筑物的破坏标准　　表4-2-9

序号	资料提出者	破坏标准	建、构筑物的安全状况
1	M·A·萨道夫斯基	$v<1.0$	安全
		$v=7.1$	无危险
2	U·兰格福尔斯	$v=10.9$	产生细裂缝,抹灰脱落
	B·基尔斯特朗	$v=16.0$	产生裂缝
	H·韦斯特伯格	$v=23.1$	产生严重裂缝
		$v<5.1$	安全
3	A·T·爱德华兹	$v=5\sim10$	要注意
	T·D·诺思伍德	$v>10$	破坏
		$v=1\sim3$	开始出现小裂缝
		$v=3\sim6$	抹灰脱落,出现小裂缝
4	A·德沃夏克	$v>6$	抹灰脱落,出现大裂缝
		$a=1.2\sim12g$	建筑物有不同程度的破坏
		$0.1g<a<0.1g$	引起注意
5	美国矿务局	$a<0.1g$	无破坏

注:v为振动速度,cm/s,a为振动加速度,cm/s^2,g为重力加速度,cm/s^2。

我国也进行了大量的测试工作,在2011年颁布国家标准《爆破安全规程》(GB 6722—2011)中规定:主要类型的建(构)筑物地面质点的安全震动速度是:

(1)土窑洞、土坯层,毛石房屋1.0cm/s;

(2)一般砖房、非抗震的大砌块建筑物2~3cm/s;

(3)钢筋混凝土框架房屋5cm/s;

(4)水工隧洞10cm/s;

(5)交通隧洞 15cm/s;

(6)矿山巷道:围岩不稳定有良好支护 10cm/s;围岩中等稳定有良好支护 20cm/s;围岩稳定无支护 30cm/s。

我国在吸收国外有关标准的有效数据与经验的基础上,并根据爆破技术人员已经掌握的实测数据资料制定了《爆破安全规程》(GB 6722—2011),以主振频率的不同频段确定相应的振速,图 4-2-3 为类似的基本形式。

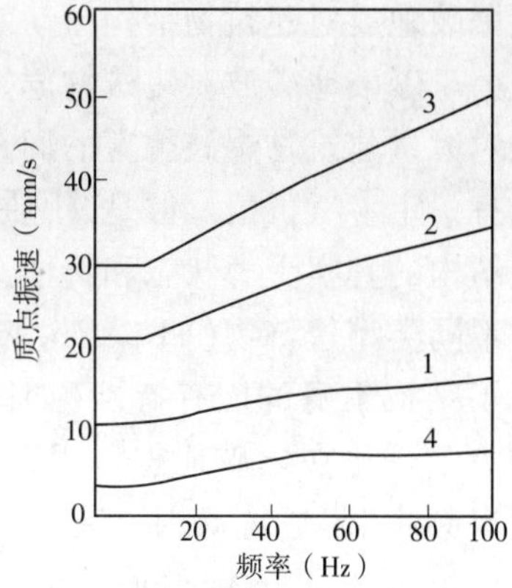

图 4-2-3 爆破震动安全允许标准(示意图)
1-土窑洞、毛坯房、毛石房屋;2-一般砖房、非抗震的大型砌块建筑物;3-钢筋混凝土框架房屋;4-一般古建筑与古迹

为防止爆破振动频率与建(构)筑物自振频率相近而引起的共振现象,必须了解建(构)筑物的自振频率或自振周期。表 4-2-10 列出了常见建(构)筑物的自振周期。

常见建筑物自振周期 表 4-2-10

建筑类别	结构类型	建筑物名称	层数	自振周期/(s)	观测方向
民用	砖木、砖混	普通民房	1~2	0.1~0.2	横向
		办公楼	3	0.34	横向
		宿舍楼	3	0.25	横向
		宿舍楼	4~7	0.36~0.60	横向
	框剪	现浇办公楼	11	0.51	横向
		装配式宾馆	13	0.53	横向
		住宅楼	12~13	0.65~0.75	横向
工业	框架	选洗煤车间	8	0.43	纵向
	单列排架	炼钢车间	1	0.67	纵向
	多列排架	轧钢车间	1	0.92	纵向
	砖砌	烟囱	30~45mm	1.0~1.2	
公用	大跨度框架	礼堂	高 40m	0.56	沿中轴

在评价爆破震动对建(构)筑物的危害时,除用位移、速度、加速度作为破坏判据外,还应考虑爆破振动持续时间对建(构)筑物的累积破坏作用,振动频率与建(构)筑物固有频率之间的关系。

4.3 爆破震动测试与分析

4.3.1 爆破震动测试的内容

爆破震动的测试是为了了解和掌握爆破地震波的特征、传播规律以及建筑物的影响,破坏机理等,以防止和减少对建筑物的破坏,从而最有效地控制爆破地震波的危害。目前衡量爆破地震对建筑物结构振动效应的大小,常用爆破质点振动速度和加速度,并用它来作为衡量爆破地震波对建筑物危害程度的判据。由于爆破破坏判据或震动安全标准是建立在对大量建筑物爆破震害的调查统计基础上的,具有一定统计规律,用来预估建筑物的安全有一定参考价值。但是,用质点的振动速度或加速度来衡量建筑物的震动效应,不能反映结构的真实受力状态和特性,也无法揭示建筑物破坏的机理,尽管在爆破破坏判据中也对不同类型建筑物(如木结构、砖石结构、钢筋混凝土结构等)作了不同的规定。但它忽视了结构本身的固有特性(如固有频率、阻尼比等)对爆破震动效应的影响。根据结构动力学理论在爆破地震作用下结构的响应与爆破地震波的强度、频率特性以及结构的固有频率、阻尼比等因素有关。对同一类型结构,即使在同一爆破地震波的作用下,其效应也可能是不相同的,有时甚至相差很大,结构固有特性的差异就是其主要原因之一。当结构本身的固有频率与爆破地震波的主频率一致或相近时,结构将产生剧烈的震动。

爆破震动测试主要包括两个方面的内容:

(1)研究爆破过程中地震波的衰减规律,地质构造及地形条件相对应的影响,地震波参数和爆破方式的关系;

(2)研究建筑物、建筑物对于爆破震动的响应特征,这一响应和爆破方式、构筑物结构特点的关系。而爆破震动测试的内容包括:地表质点振动速度测试,质点振动位移测试,质点振动加速度测试,建筑物的反应谱测试等。

4.3.2 爆破震动测试的一般方法

爆破震动测试中采用最多的方法是电测方法。它利用敏感元件在磁场中的相对运动,产生与振动成一定比例关系的电信号,经过放大器和记录装置得到振动信号。

4.3.3 爆破震动的反应谱

结构物(建筑物、构筑物和边坡等)在地震或爆破震动作用下的受力状态基本上是一个震动问题,可以采用反应谱理论来进行这一过程的动力分析。反应谱既可反地面运动的特征,衡量地震动的强弱,又可以估计结构物在地震或爆破作用下的反应。反应谱的概念是用一个阻尼谐和振动子来模拟真实建筑物,然后考察此振动子在承受爆破地震引起的响应(加速度、速度、位移)的特性。我们把实际测到的地面加速度曲线作为确定反应谱的输入,对于某一个自振频率—阻尼的组合的弹性体系求出振动因子对于地面加速度的最大响应,这一响应就是反应谱曲线上的一个点。因此,反应谱的定义是:单自由度弹性体系对于给定的地面加速度输入并考虑阻尼时的最大响应(加速度、速度和位移)与系统的固有自振频率(或周期)的关系曲线。

采用反应谱理论分析爆炸载荷作用下地表建(构)筑物的动力反应,评价其破坏,确定安全范围和设防要求,是一种比较好的办法。目前有些部门已经对此开始了研究,进行了反应谱的分析工作。水利科学研究院在分析实际测得的爆破地震反应谱的基础上,提出了爆源近区和远区的两条抗爆震设计反应谱曲线,以便采用反应谱理论计算结构动力载荷的设计时参考。

4.4 结构在爆破地震作用下的动力响应

结构在动力荷载作用下产生内力、变形和位移等现象称为结构的动力响应。人们在研究爆破地震波对建(构)筑物的影响时,首先就必须了解结构在爆破地震作用下的动力响应。由于人类对天然地震效应的研究已有较长历史,积累了较多的经验和方法,当前在进行爆破震动效应研究时,这些经验和方法还常常被借鉴。与研究结构在天然地震作用下的动力响应相似,研究结构在爆破地震作用下的动力响应也主要有现场测试和结构动力分析两种方法。由于结构动力响应的现场测试原理简单,实施起来较为容易,目前仍为大多数工程技术人员所采用。人们常通过现场监测,直接得到一定的爆破条件下,某一特定结构的动力响应,并结合所观察到的结构宏观破坏现象(如房屋墙体抹灰脱落、开裂,岩体产生裂缝、掉块等)对爆破震动效应进行分析,以此为基础制订相应的爆破震动控制措施,解决了不少实际工程问题。不过结构动力响应测点布置数目毕竟有限,其次在研究结构在爆破地震作用下的动力响应时,测点一般布置在结构表面,测试所得的结果不能完全反映整个结构的动力响应,因此用现场监测方法研究结构在爆破地震作用下的动力响应有一定的局限性。

利用结构动力分析方法来研究建(构)筑物在爆破地震作用下的动力响应虽然显得比较复杂,但随着数值计算技术的发展,越来越多的技术人员倾向于运用动力分析方法来探讨结构在爆破地震作用下的动力响应问题。在工程上求解结构动力响应的方法主要分为两类:一类为基于反应谱理论的拟静力分析法,另一类为基于数值分析理论的时程分析法。

结构爆破地震响应分析的拟静力分析法是将结构所受的最大爆破地震作用通过反应谱转换成作用于结构的等效荷载,然后根据这一荷载用静力分析方法求得结构的内力和变形。在具体实施过程中,先将结构物离散为多质点弹性体系,借助振型组合方法,利用已有的爆破地震反应谱曲线,计算各振型的最大等效地震分应力,然后用统计学叠加方法得到相对于各振型的结构最大应力与最大应力分布情况,并与建筑物所用材料强度指标相比较,即可判断结构在爆破地震作用下的安全性。采用拟静力分析法计算结构爆破振动响应的关键是首先要取得较为准确的爆破地震反应谱曲线。1979 年,我国根据近 200 条大爆破地震时程曲线,利用快速傅立叶分析获得了 2 条分别适用于爆破近区和中远区的爆破设计反应谱曲线,这为后来的爆破工作者利用拟静力分析法分析结构爆破振动响应提供了方便。还有学者运用拟静力分析法对一些水工结构(重力坝、围堰)和民用建筑的爆破振动安全性进行了分析,取得了较为满意的结果。这些研究同时还发现,将反应谱理论用于计算爆破地震作用下的结构动力响应,高振型对结构上部的作用不可忽视,这与天然地震的反应谱计算只考虑低振型有所不同。

拟静力分析方法尽管计算简便,并已为大多数爆破工作者所采用。但是,爆破地震毕竟是一个随时间变化的动态过程,拟静力分析法不能反映出结构在爆破地震作用过程中的经历。为此,人们想到用动力法来分析结构爆破地震响应,于是提出了基于数值分析理论的时程分析法。时程分析法采用对动力方程进行直接积分,可以求出结构反应和时间的关系曲线,并且可以得到爆破地震过程中每一瞬时的结构位移、速度和加速度响应,从而可观察到结构在爆破地震作用下的内力变化和损坏过程。由于地下结构在爆破地震作用下的响应与地上结构有明显的不同,这种方法多用于解决地下结构在爆破地震作用下的响应问题。第一,地下结构对爆破地震波的入射方向十分敏感,入射方向的微小变化都可能导致地下结构各部位应力及变形的明显改变,而爆破地震波的入射方向对地上结构影响较小;第二,地下结构处于地基土的包围之中,其变形受到地基土的约束,因此自振特性不明显,而地上结构处于自由状态,自振特性是影响结构爆破振动响应的一个重要因素;第三,加速度是影响地上结构物的重要因素,而对地下结构影响较小。对于地下结构物的爆破振动响应,不宜采用反应谱理论,更适宜采用基于数值分析理论的时程分析法。国内有人用张量表示法及有限元法分析了由于阶状行波所引起的在弹性和弹塑围岩内隧道衬砌的响应状态;国外学者用边界元方法计算了爆炸冲击波作用下,任意截面形状的地下结构的瞬态特征;杨升田等用动态有限元分析了某一地下岩洞在附近一空腔耦合的条形爆源的作用下(主要针对爆破荷载波形)岩洞的动力反应;李铮等用动态有限元法对爆炸应力波作用下岩洞的动力稳定性问题进行了一系列的研究。国内一些学者用数值模拟方法分析了复线隧道施工爆破对既有隧道的影响,并指出了在施工过程中应注意的问题。这些研究者对结构在爆破地震作用下的动力响应的数值模拟多建立在对爆炸应力波的简化模型之上,由于简化的应力波形与实际爆破震动波形在形态上差异明显,虽然采用其进行动力有限元数值模拟可以计算得出既有隧道位移峰值、应力峰值、速度峰值的分布状况,且其峰值响应结果与监测结果基本一致,然而,数值计算所得的振动速度场、加速度场、应力场等的演变特征以及速度—时间曲线与监测结果是否接近,文中没有阐述,其准确性无从考证,因而也就无法获得结构响应的频率特征。

对于岩体边坡等结构在爆破地震作用下的动力响应分析,所采用的方法也主要为拟静力分析法和时程分析法。与地表建(构)筑物不同,采用拟静力分析法分析岩体边坡在爆破地震作用下的动力响应时,不需基于反应谱理论,而是将爆破地震荷载直接作为等效静力考虑,然后运用极限平衡法来计算边坡的动态稳定系数,以此来分析边坡在爆破地震作用下的稳定性;但在分析过程中,动态稳定系数的确定是否符合实际情况,这是一个难题。时程分析法主要是采用有限元法、边界元法等数值模拟方法直接计算边坡在爆破动力作用下的应力场和位移场,通过分析计算结果评价边坡在爆破地震作用下的动态稳定性。但采用数值模拟方法来分析边坡在爆破地震作用下的动态稳定性时,往往只能确定出边坡失稳的最不利位置,如何评估边坡在爆破地震作用下的稳定状况仍然没有得到很好解决。

4.5 爆破震动强度的影响因素及降震措施

4.5.1 爆破震动强度的影响因素

爆破震动强度受到多种因素的影响,其影响因素大体可归纳为两个方面:一是与爆破有关的因素,主要包括炸药量、炸药类型、药包分散状况、药包形状、爆破作用指数、装药结构、爆破方法、自由面条件等;二是与地震波传播有关的因素,主要包括距离、岩体性质、地形地质情况等。在所有影响爆破震动强度的主要因素中,炸药量和距离是两个最为关键的因素。大量的研究表明,爆破震动强度与炸药量成正比,与质点距离成反比。各种爆破震动强度的经验预测公式均表明了这一点。此外,国内外学者还分别就其他因素对爆破震动强度的影响进行了研究。

Л. В. СаФОНОВ 等人研究了炸药类型对爆破震动的影响，结果表明威力较高的炸药比威力较低的炸药产生的爆破震动强度大。Ф · А · Кириллов 等人通过在煤矿工作面进行试验爆破，发现爆破震动强度随药量的分散程度增大而减小。M · N · Каилыба 等人认为在一定的岩体和炸药条件下，爆破震动强度受装药结构的影响，采用空气间隔装药可以使震动强度降低。张时忠等人通过相似模型试验，在相同爆破试验条件下，对连续装药和空气间隔装药进行爆炸应力波测试，得到的波形结果表明，相对于连续装药，空气间隔装药激起的应力波峰值减小，空气间隔或不耦合装药与连续装药相比，爆破振速幅值可减小 20% ~50%。长沙矿冶研究院曾在国内十多个矿山从事爆破降震技术研究发现，预裂和光面爆破、缓冲爆破、斜线式多段爆破、一般微差爆破及逐排微差爆破与齐发爆破相比，降震率为 70% ~20%。印度的. PKsnihg 等人对爆破震动受自由面条件的影响进行了研究，通过比较有自由面的爆破和离自由面较远的夹制爆破两种条件下产生的振动速度，发现有自由面的爆破产生的振动速度比离自由面较远的夹制爆破产生的振动速度小；而且爆源离自由面越远，爆破振速越大；有自由面的爆破和离自由面较远的夹制爆破两种条件下产生的振动速度相比，后者为前者的 1.13 ~5.74 倍。

杨年华、黄吉顺等人的研究认为相对于软弱风化岩体和土层，坚硬岩体中的爆破地震波振幅相对较低，含水土壤中的爆破震动强度往往高于不含水土壤中的爆破震动强度。马鞍山矿山院杨桂桐等人通过对矿山边坡的爆破震动进行测试，发现在岩质边坡中，振动速度随高程增加有增大趋势，在松散土质边坡中，虽然高程增加，却不存在震动放大作用。

4.5.2 爆破震动降震措施

针对爆破震动强度的主要影响因素，人们对爆破震动降震方法进行了广泛的研究。目前，常用的降震方法可归纳为以下几种：

(1)缩量降震方法，该方法是在满足工程爆破破碎效果的前提下，尽量减少总装药量或微差爆破时的单段药量，以控制爆炸能量，从而减轻震动强度；

(2)截波降震方法，通常是在被保护目标周围开挖沟槽或形成预裂缝来达到截波的目的，其原理是爆破地震波在传播过程中，遇到沟槽或裂缝时，产生反射和折射，透射部分减少，使得地震波的强度大大降低；

(3)爆源分散降震方法，该方法通过分散爆源，减少单点爆炸能量释放量，从而达到减轻震动强度的目的；

(4)不耦合装药降震方法，该方法的实质是利用孔内的空间来消耗能量，即削弱爆炸冲击波峰压的方法来降低震动强度；

(5)改善自由面条件方法，该方法是通过增加自由面数量或适当减少最小抵抗线，使得更多的爆破能量用于破碎岩体，相应地也就减小了产生地震的能量，进而达到减震的目的。

4.6 隧道爆破震动效应研究展望

回顾工程爆破震动效应及隧道爆破震动效应研究现状，虽然许多研究工作者针对不同的研究重点，从多方面对隧道爆破震动效应问题展开了大量的研究工作，但目前隧道爆破震动效应的研究工作远落后于工程实践,薄弱的研究工作和蓬勃发展的此类工程显得极不相称。我们认为,今后的主要研究内容将围绕着以下几个方面来展开。

1)隧道爆破地震波特征及传播规律研究

发现并正确描述不同爆破方法、不同炮孔类型产生的爆破地震波特征及传播规律是进行震动效应控制的前提。其研究内容主要包括三个方面:一是隧洞内开挖轮廓面的爆破地震波特征及其传播规律;二是隧道地表爆破地震波的特征及其传播规律;三是隧道围岩内部的地震波特征及其传播规律。现有的初步研究结果表明,隧道洞内振动频率比隧道地表振动频率要高。可见,隧洞内开挖轮廓面、隧道地表和隧道围岩内部的地震波特征和传播规律是不同的。准确了解它们的爆破地震波特征和传播规律,有利于对爆破地震作用下的隧道衬砌动力响应、围岩稳定性和以及地下、地表建筑物的动力响应进行研究。

2)隧道爆破震动效应的数值模拟

目前,数值模拟方法已成为研究爆破震动效应的主要方法之一。采用数值模拟方法对隧道爆破产生的震动效应进行研究时,其关键的工作就是在模拟过程中确立爆破荷载加载模型。常用的两种做法是:一是将爆炸冲击简化荷载直接加载在炮孔周壁,这种方法从起爆开始就对爆破震动进行模拟,模拟过程中需要考虑岩体材料的几何非线性(大变形)、材料非线性(材料本构方程复杂)和边界非线性(滑移面的变化和孔隙分离);二是将爆炸应力简化荷载直接施加在隧道周壁,这种爆炸应力简化荷载多是通过采用经验化的爆破应力波衰减模型计算得来的。前者需要考虑爆炸近区的高度非线性问题,后者所采用的爆破应力波衰减模型中的参数是通过一定的实测手段在一定的围岩条件下得到的结果。此外,在采用这两种加载方式进行数值模拟时一般都要对荷载形式进行简化。基于这些因素,如前所述,采用这两种爆破荷载加载模型对隧道爆破震动效应进行模拟,难以获得满意的振动速度场、加速度场、应力场等的演变特征以及速度 - 时间曲线。对模拟过程中的爆破荷载加载模型加以研究,以简化模拟过程和提高模拟精度将是今后隧道爆破震动效应研究的一个重要方向。

3)爆破震动对隧道围岩的稳定影响研究

隧道在采用爆破方法开挖,在将开挖范围内的岩石爆破下来的同时,必然要对保留岩体造成损伤,这种爆破损伤将会影响到隧道围岩的稳定性。以前由于对围岩爆破损伤现象认识不足,爆破震动对隧道围岩稳定的影响没有引起人们的足够重视,由此使得隧道开挖引起的围岩稳定性影响研究主要集中于隧道开挖后由于应力释放引起的应力重分布对围岩稳定性的准静态作用影响,很少涉及到由于爆破震动对围岩稳定性的动态作用影响。在实际工程中,如果爆破开挖对围岩的损伤较为严重,将强烈影响到围岩的二次应力状态,如一些隧道在采用非爆破开挖方式时,开挖后本可在隧道上方形成比较稳定的天然拱,而采用爆破开挖方式却有可能破坏这种天然拱的形成。因而,将来在研究隧道开挖引起的地表沉降时,如何考虑爆破震动对隧道围岩的稳定影响作用,是一个值得关注的问题。

4)结构在浅埋隧道爆破地震作用下的响应研究及安全评估

浅埋隧道爆破过程中引起的地表建筑物振动是隧道爆破震动效应研究中的一个重要内容。爆破震动的动作用以及开挖形成的洞室会对围岩稳定性产生影响,使得围岩稳定性降低。特别是当建筑物坐落在浅埋隧道洞室上时,其地基整体或部分处于围岩松动范围内,将会导致建筑物地基的承载能力减弱,进而使得地表建筑物的抗震性能下降。此时,隧道爆破震动效应就会显得愈加突出。在这种状况下研究建筑物的振动响应和对爆破震动效应进行有效的安全评估，是一项很有实际意义的工作。

5）隧道爆破震动效应的影响因素及降震措施研究

与近地表爆破不同，隧道爆破由于作业点处于地下，自由面条件较差，各影响因素对爆破震动强度的影响程度可能与地上工程爆破不同。研究各影响因素对震动的影响程度，有助于优选爆破方案。此外，我们知道隧道开挖对围岩稳定性的准静态作用受到隧道埋深和隧道断面等因素的影响，爆破震动对围岩稳定性的动态作用是否也会受到这些因素的影响，这也是一个值得探讨的问题。

由于爆破震动的存在，在城市浅埋隧道工程中，必须采取降震措施对爆破震动予以控制。不科学的降震措施虽然可能使爆破震动减小，但势必增加施工成本，在极端情况下甚至压缩施工规模。为此，通过系统研究，寻求经济有效的降震措施，有利于爆破方法在浅埋隧道开挖中的应用。

5 隧道掘进爆破地表震动数值模拟研究

5.1 概述

为了能够将浅埋隧道掘进爆破震动强度控制在规定范围内，需要准确预测和确定不同爆破条件下地震波在不同位置处的振动参数，这是进行爆破方案设计及爆破参数优化的前提。由于爆破地震波的振动参数预测涉及复杂的爆炸现象和波动现象，迄今为止，还难以用解析方法给出准确的分析结果。目前，在爆破地震波的振动参数预测中主要有两种方法：一是按照萨道夫斯基经验公式估算，二是利用动力有限元法进行数值模拟分析。

经验公式计算法在工程中应用最为普遍，但它主要适用于集中装药爆破，并且由于受工程地质条件和爆破条件的影响，其预测的准确性也较差。如前所述，埋深小于30m的浅埋隧道爆破的地震强度不能完全用萨道夫斯基公式预测。此外，经验公式不能给出爆破地震波的主振频率，难以满足爆破安全规程按照主振频率范围确定被保护建筑物振动控制标准的要求。

利用动力有限元法进行岩体爆破地震效应的模拟计算是近十年来用于预测爆破震动强度、分析爆破震动危害的另一种主要方法。当前隧道爆破震动效应的数值模拟多是通过对既有隧道、连拱隧道等地下结构在爆破地震作用下的动力响应分析，研究隧道周边的振动速度场和应力场的分布特征，从隧道围岩稳定和衬砌安全的角度提出振动控制标准和相应的减震技术措施，却很少涉及浅埋隧道爆破在地表产生的震动效应问题，不清楚掌子面前后地表的振动特征。事实上，爆破地震可以看成岩体在爆破作用下的一种动力响应。在爆破地震作用下，地下自然状态下(无人工扰动)的岩体的动力响应与浅埋隧道围岩的动力响应之间可能存在较大差异，后者由于已开挖的洞身改变了浅层岩体的自然整体构造，使隧道上部岩体成为一种工程结构，地表震动特性很可能变得更为复杂。另一方面，在已有隧道爆破震动效应的数值分析中也没有讨论振动频率和振动持时这两个参数，其计算结果的可靠性难以确定。因此，进一步对浅埋隧道爆破的地表震动效应数值模拟方法进行研究将有助于准确预测不同爆破条件下地震波的振动参数。

本章结合北庄隧道的现场爆破震动试验，采用ANSYS有限元程序模拟不同输入荷载波形的地表震动效应，通过计算结果与实测振动数据的对比分析，探讨获得可靠的地表震动参数的爆破动荷载加载方式、计算模型、计算条件和计算方法，建立一个能适用于隧道爆破震动预测和浅埋隧道震动特征研究的数值模拟平台。

5.2 采用有限元法模拟爆破震动的几个关键问题

5.2.1 爆破动荷载下的岩体本构模型

到目前为止,岩土体的力学模型基础以连续介质力学为主,但是,由于岩土体材料的特殊性,其本构特征与连续介质又不完全一样,一般金属材料不具有塑性体积应变,导致塑性应变的力可以是压应力也可以是剪在岩石动力学计算中。曾出现过很多岩石材料模型,目前,国内外多采用理想弹塑性模型、非线性变模量模型和弹性—非理想塑性帽盖模型三种形式的本构模型来描述岩石的力学性态。

理想弹塑性模型包括一个屈服条件和一个流动法则,加载和卸载分别采用不同的非线性体积模量,并通常只采用单一值的剪切模量。该模型的主要缺点为:一是不能清楚地描述岩石在接近破坏时剪切模量降低的特性;二是为了模拟岩体的剪胀特性,常要求采用非关联流动的法则,但此时不能满足德鲁克公设。因而,采用这种模型时,有时解的唯一性不能被证明。此外,多数情况下,采用该模型进行数值计算时在描述初始条件和边界条件时会引入不同程度的误差,计算结果对这种计算过程中的舍入误差过分敏感。

非线性变模量模型没有明显的屈服条件,其体积模量和剪切模量都是应力和应变张量不变量的函数,这些不变量在加载和卸载时取用不同的函数值,并分别用应力和应变间的增量关系来描述。由于这种模型没有屈服面,模型对加载和卸载分别引入了不同的剪切模量,因而,这种模型也常导致数值解对计算机的舍入误差有较大的依赖性。

弹性－非理想塑性帽盖模型属于一种加工硬化的材料模型,该模型的屈服面增加了一个能反映材料应变硬化的可移动帽盖,帽盖面在应力空间与静水压力线相交。该模型能有效地反映岩体的剪胀,同时又满足德鲁克公式,因而只有唯一解。另外,它对加载和卸载可采用相同的一个剪切模量常数,其值与压力大小无关。屈服面的帽盖部分是在初始屈服面与破坏包络面之间移动的,帽盖的移动由塑性体积应变的增减控制,因而模型的应变硬化是可逆的。对于非膨胀性岩石,应用时可只允许帽盖作单方面的向外扩张,以表示此类岩石的应变硬化,这时帽盖的移动是不可逆的。弹性－非理想塑性帽盖模型在可能产生很大塑性变形的冲击型动力计算中有广泛的应用。

岩体中的爆炸问题和一般岩石动力学问题不同,在爆炸过程中涉及材料的塑性流动、硬化软化、损伤断裂、应变率效应等。由于岩体中发生爆炸时,爆源周围岩体依远近距离不同将分别经历破碎、断裂、大变形或振动等力学效应,如何描述爆源近区岩石的破坏,直至今天还没有恰当的本构模型,这在数学上相当于高度非线性的难题。因而在研究爆破震动时,如果从爆破近区和中区入手,在岩石动力学计算中常用的岩石材料模型通常不适用于岩体爆炸过程的仿真计算。为了解决这一问题,一种常见的处理方法就是在数值模拟过程中撇开爆破近区、中区的强非线性过程,重点针对爆破地震作用区的震动这一线性过程进行模拟,此时岩体的本构模型可取线弹性模型。如何很好地衔接爆破近区、中区的强非线性过程和爆破地震作用区的线性过程,这就要涉及爆破动荷载的加载方式。

5.2.2 爆破荷载的加载模型

采用有限元法模拟爆破震动时,其中一项关键工作是建立爆破荷载的加载模型,这包括确定爆破激振力的大小、作用位置、峰值时刻和持续时间等方面的内容。如前所述，在岩体爆破地震效应数值模拟时通常有两种方式进行动力加载：一是按照炸药爆轰理论计算炮孔压力，直接将爆炸荷载作用于炮孔壁上；二是利用经验公式计算得到的动荷载按照三角形脉冲波施加于开挖边界。

按照炸药爆轰理论计算炮孔压力，直接将爆炸荷载作用于炮孔壁时，模拟过程中不仅需要模拟炸药的爆轰过程，而且还要模拟炸药爆轰后作用于岩体的过程，因而在数值计算过程中不仅需引入炸药的爆轰状态方程，而且还要引入岩体的状态方程和本构方程。目前，该加载方式多用于单孔爆破或集中装药爆破的岩体破碎判别数值计算。从爆破地震波的形成过程分析，地震波是在爆炸冲击波经历了介质在爆破近区的粉碎压缩和中区各种爆破裂缝产生这样一个强非线性过程之后衰减、演化而来。如果将爆炸荷载作用于炮孔壁来模拟爆破地震效应，那就需要首先弄清楚爆源附近区域岩体破坏的强非线性过程。此外，实际的爆破工程采用的往往不是单个炮孔的爆破，而是多孔爆破。对于多孔爆破，因爆源分布于较大区域，模拟时不能直接使用单孔爆破计算获得的炮孔压力加载，只能按照当量炸药量以集中装药爆炸方式加载在等效孔壁上，而实际多孔装药起爆在任何一处产生的应力是多个单孔爆炸产生的应力波迭加的结果，这种加载形式无疑会降低模拟的精度，并且至今仍未能证明按照当量集中装药爆炸加载计算得到的振动参数与多孔爆破条件下的实测数据一致。

考虑到隧道掘进爆破的质量要求，爆破基本不会造成开挖区边界的围岩破裂，围岩属于弹性变形，因此，在隧道爆破震动效应模拟中多采用利用经验公式计算得到的动荷载按照三角形脉冲波施加于开挖边界。目前，采用这种加载方式进行隧道爆破震动效应模拟，主要用于计算振幅，而对频率和持时的计算尚未见相关的报道。形态上远比爆破地震波简单，其波形只能体现一个简单的加载过程和卸载过程，但实际上，爆破地震波是一种具有多个加载和卸载过程的弹性波，加载时间和卸载时间大体相等。此外，采用该方法施加在隧道周壁的动荷载峰值是用爆破应力波衰减经验公式对爆炸冲击简化荷载峰值进行衰减计算得来的。关于爆破冲击简化荷载峰值的确定，至今尚无一套完善的方法和理论，而且，爆破应力波衰减经验公式的参数是通过一定的实测手段在一定的围岩条件下得到的结果，参数值没有普适性。基于这些因素，爆破震动效应数值模拟过程中用三角形脉冲波作为输入波进行计算，得到的模拟震动波形可能与实际波形有较大差异，导致计算获得的频率参数与实际结果之间的误差较大。在《爆破安全规程》(GB 6722—2011)中，爆破振动安全允许标准不仅对振速做出了要求，而且也对频率做出了要求。为此，为了获得较为真实的地表振动特征参数，可以借鉴工程抗震研究中天然地震作用下结构物动力响应的分析方法，在地表振动效应模拟时采用在隧道周壁处实测到的振动波形作为输入荷载进行计算，这种方法值得尝试。

5.2.3 岩体介质的阻尼效应

应力波在岩体介质中传播时会产生能量耗散而衰减，使应力波能量耗散的因素统称为阻尼。岩体系统受到的阻尼是很复杂的，工程上一般将阻尼分为外阻尼和内阻尼两类，外阻尼来源于各种滑动面之间的干摩擦以及空气和液体的阻尼，内阻尼则是由介质材料的不完全弹性所引起晶体颗粒间的内摩擦造成的。在采用有限元法模拟岩石动力学问题时，常用瑞利阻尼来处理阻尼效应，假设阻尼矩阵与质量矩阵及刚度矩阵有关，阻尼矩阵遵循以下假定：

$$[\boldsymbol{C}] = \alpha[\boldsymbol{M}] + \beta[\boldsymbol{K}] \tag{5-2-1}$$

式中：$[\boldsymbol{C}]$——阻尼矩阵；

$[\boldsymbol{M}]$——质量矩阵；

$[\boldsymbol{K}]$——刚度矩阵；

α、β——瑞利阻尼参数。

瑞利阻尼参数可由下式确定：

$$\left.\begin{aligned}\alpha &= 2w_i w_j - (w_i\lambda_j - w_j\lambda_i)/(w_i^2 - w_j^2)\\ \beta &= 2(w_i\lambda_i - w_j\lambda_j)/(w_i^2 - w_j^2)\end{aligned}\right\} \tag{5-2-2}$$

式中：ω_i——系统第 i 振型；

ω_j——系统第 j 振型；

λ_i——第 i 振型的阻尼比；

λ_j——第 j 振型的阻尼比。

若已知系统的任意两个固有频率和相应的阻尼比，根据式(5-2-1)和(5-2-2)则可以确定其瑞利阻尼系数，并进而确定阻尼矩阵。对于工程结构，可以利用自由振动振幅衰减的实测资料来计算阻尼比；而对于岩体，由于阻尼系数受到岩体性质、动荷载加载方式及其路径的影响，精确地计算岩体振动的阻尼效应非常困难，一般通过反复的试算并与已知实测结果对比来决定。

5.2.4　边界条件处理

边界条件的确定是有限元计算中又一个关键问题，它直接影响到计算结果的有效性和准确性。在利用有限元法研究无限介质中弹性波传播问题时，常采用莱斯默(J · Lysmer)提出的无反射人为边界条件。莱斯默设想一种沿有限域边界设置的人为阻尼器，使隔离出来的有限域仍能保持入射波能量从激发源传到远场的辐射特性不致因能量被人为地聚集在某一限定的有限域之内，以致造成在有限域的边界处反射后折回的应力波再次传递到有限场域之内，从而影响有限域内岩体的动力响应。为了使人为阻尼边界处基本上没有波能量的反射，可以采用均布的人为阻尼边界，即人为地在边界的法向和切向加两个互相垂直的均布力，然后再把这种人为的阻尼力换化为等价的边界节点集中力。沿边界面处人为施加的均布力分别为：

$$S_{\mathrm{n}} = a\rho c_{\mathrm{p}} v_{\mathrm{n}} \tag{5-2-3}$$

$$S_{\mathrm{s}} = a\rho c_{\mathrm{s}} v_{\mathrm{s}} \tag{5-2-4}$$

式中：S_{n}、S_{s}——分别为人为加在边界上的法向应力和切向应力；

a——反映介质阻尼特性的无量纲参数；

ρ——岩土介质的质量密度；

c_{p}、c_{s}——分别为入射的纵波和横波速度；

v_{n}、v_{s}——分别为边界法向和切向的质点运动速度分量。

本章在采用有限元法模拟浅埋隧道爆破振动时，根据计算范围边界的实测结果来确定边界条件，使之尽可能接近真实状态。

5.3 浅埋隧道掘进爆破地表震动效应的数值模拟

5.3.1 北庄隧道的岩性特征

隧道区主要为上更新统冲洪积粉质黏土、碎石土及奥陶系灰岩，参照周边工点工程地质资料，大致可分为三个工程地质单元层，分述如下：

(1)碎石土(Q_3^{al+pl})：碎石土：洞口为第四系冲洪积碎石土，稍湿，稍密~中密，分布不均匀，与硬塑状粉质黏土呈互层状分布，容许承载力[f_{ao}] = 300kPa，桩侧土摩阻力标准值q_{ik} = 65kPa。

(2)灰岩(O_2)：强风化石灰岩：灰色，微晶结构，块状构造，矿物成分主要为方解石，岩体裂隙发育。岩体破碎，岩芯多呈碎块状，长度多在4~7cm，个别短柱状，长约13cm。[f_{ao}] = 900kPa。其平均厚度约7.0m。

(3)灰岩(O_2)：灰色，微晶结构，块状构造，节理裂隙较发育，充填方解石脉线，岩体较破碎，岩芯多呈碎块状，少数呈短柱状。[f_{ao}] = 1 200kPa。其厚度大于100.0m。

5.3.2 模型建立和参数选取

5.3.2.1 炮眼简化

目前，野外公路隧道施工一般都采用光面爆破的方法。众所周知，光面爆破是一种使爆出的隧道开挖面保持平整而围岩不受明显破坏，并且有比较少的超欠挖的爆破技术。北庄隧道也不例外，采用了光面爆破的施工方法，在光面爆破中的一般采用楔形掏槽，所以在此的计算模型主要针对掏槽爆破而言。由于掏槽爆破的掏槽眼之间的爆破时间间隔很短，并且为了方便模拟计算，认为掌子面的掏槽爆破是同时起爆的，将这些掏槽眼划归为一个炮眼，如图5-3-1所示。

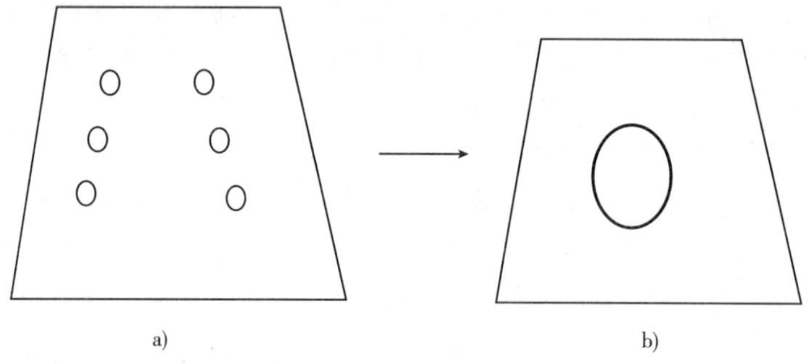

图5-3-1 炮眼简化示意图

5.3.2.2 爆破动荷载的加载

研究浅埋隧道掘进爆破地表振动效应的目的是为了控制其最大振动强度，考虑到掏槽爆破产生的震动强度最大，为了方便简单的建立计算模型，作出如下的假设：

(1)爆破动荷载以均布压力荷载形式作用在施工隧道周边上，作用方向为法线方向。

(2)掏槽爆破时，隧道周边处于爆炸作用远区，施加在隧道周边上的爆破动荷载不会造成围岩破坏，此时围岩在爆破作用下，处于弹性振动状态。

为了能比较准确地模拟在浅埋隧道掘进过程中爆破对于地面振动的影响效果，在模拟过程中，分别采用隧道实测震动波形和三角形脉冲波来施加于开挖边界进行数值模拟。鉴于模拟的是掏槽爆破产生的震动效应，在采用实测振动波形施加于开挖边界计算时只输入该段的振动波形。如图 5-3-2 所示，实测到的掏槽爆破的震动波形。

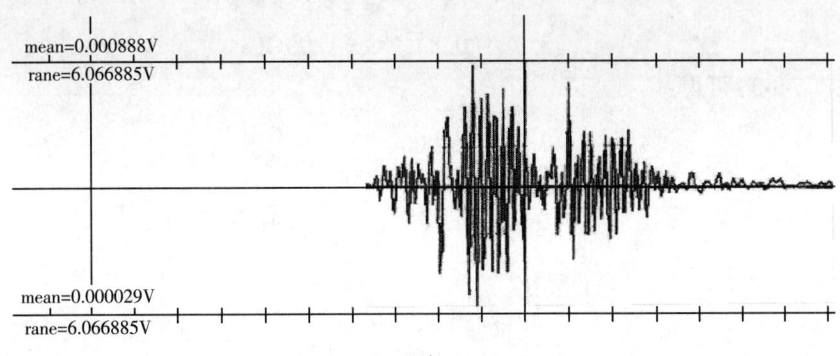

图 5-3-2　隧道周边实测振动波形

三角形爆破振动荷载 p 与炸药的成分、密度、爆速和装药结构与关。在耦合装药结构情况下，p 有多种表达式、各种表达式计算结果较为接近，在此可采用赵辛源给出的表达式，即：

$$p = 210(0.36 + \rho)v^2 \tag{5-3-1}$$

式中：p——振动荷载，MPa；

ρ——岩体密度，g/cm^3；

v——质点振动速度，km/s。

在不耦合装药情况下，p 要比耦合装药情况下小，它们的关系为：

$$p_{\mathrm{en}} = p_{\mathrm{ec}}\left(\frac{R_e}{R_b}\right)^{N\nu} \tag{5-3-2}$$

式中：p_{en}——不耦合装药情况下的 p 值；

p_{ec}——耦合装药情况下的 p 值；

R_{e}——药包的半径；

R_{b}——炮孔的半径；

N——药包形状系数，对于柱状装药，$N=2$，对于集中和球状装药，$N=3$；

ν——绝热指数，突变前取 3，突变后取 1.4。

炸药爆破后产生的爆轰波作用在炮孔内壁上的最大压力 $p_{\max}$ 与岩体特性有关，$p_{\max}$ 的解析式为

$$p_{\max} = \frac{2\rho C_{\mathrm{p}}}{\rho C_{\mathrm{p}} + v\rho_0} P_e \tag{5-3-3}$$

式中：C_{p}——纵波在岩体中传播的速度；

ρ——岩体密度；

v——炸药爆速；

ρ_0——炸药密度；

$p_{\max}$——炸药爆炸的最大作用力。

在北庄隧道爆破中，炸药的爆速 v 为 3 600m/s，密度 ρ 为 1g/cm^3，岩石的密度为2 500kg/m^3，波在岩石中的传播速度 C_P为 5 000m/s。由式(5-3-1)可得：

$$p=210\times(0.36+1)\times 3\,600^2=3.7\text{GPa}$$

由于本工程中采用不耦合装药，不耦合系数为 0.8，所以由式(5-3-2)可得：

$$p_{eN}=3.7\times(0.8)^{2\times 1.4}=1.98\text{GPa}$$

再由式(5-3-3)可得：

$$p_{max}=\frac{2\times 2\,500\times 5\,000}{2\,500\times 5\,000+3\,600\times 1\,000}\times 1.98=3.07\text{GPa}$$

模型施加的荷载可采用简化为三角形的爆破动力简化荷载，关系式为：

$$\begin{cases}p(t)=3.07t\\p(t)=3.7-6.228t\\p(t)=0\end{cases}\tag{5-3-4}$$

均布荷载均匀地施加在炮孔内壁上，初始速度 $u_0=0$ 和位移 $v_0=0$，不需要进行设置。荷载变化设置为线性变化。

5.3.2.3 岩体物理指标

岩体在弹性振动状态下，弹性模量和泊松比随加载速率的几乎不变化，所以在计算时可以按照静态参数选取。根据工程地质勘察报告和类似岩性的力学实验结果，选取的岩石的物理力学指标列于表 5-3-1 中。

围岩物理力学指标 表 5-3-1

密度（kg/m^3）	泊松比	弹性模量（GPa）	动抗压强度（MPa）	动抗拉强度（MPa）	纵波速度（m/s）
2 500	0.24	26	130	20	5 000

5.3.2.4 计算模型

在实际过程中，按用途不同，将工作面的炮眼分为掏槽眼、辅助眼和周边眼三种。在这三种炮眼中，掏槽眼用于爆出新的自由面，为其他后爆炮眼创造有利的爆破条件；辅助眼的作用是进一步扩大槽口体积和爆破量，并逐步接近开挖断面形状，为周边眼创造有利的爆破条件；而周边眼主要作用是控制爆破后的隧道断面形状、大小和轮廓，使之符合设计要求。由此，掏槽眼产生的地震效应最大，辅助眼和周边眼由于装药量、抵抗线等因素影响，其地震效应相应的比较弱。

在数值模拟中认为炸药爆破后在爆孔内壁上施加的荷载可以近似认为是均布荷载，考虑到隧道的长度很可能对地表产生较大的影响，本文采用三维计算模型。x 轴沿隧道掘进方向的左侧，y 轴垂直向上，将隧道纵向作为 z 轴，且 z 轴过隧道拱心。由于隧道采用炮孔深度只有 3m 的短进尺掘进，根据现场测试发现，与爆区水平距离为 60m 处的质点振动速度已小于 0.1cm/s，因此，选取计算区域为 110m × 100m × 210m。将计算模型的侧面和底部均设为无反射的固定边界，各边界位移满足 $u_x=0$，$u_y=0$，$u_z=0$；地表及隧道已开挖区周边设为自由边界；按照实际装药长度，均布爆破动荷载施加于爆区开挖边界。

数值计算采用等参三位实体单元,单元总数 14 227,共计 83 654 节点,计算模型如图5-3-3 所示。

5.3.2.5 网格划分

在有限元计算中,划分网格是很关键的一步,因为此阶段对模型生成的决定将对分析的准确性和经济性有决定性的影响。在网格划分中,常使用网格划分控制,网格划分控制能建立用在实体模型网格划分的因素,比如单元形状。确定网格单元的形状时要考虑两个因素:想要的单元形状和要划分模型的维数。在三维问题中,使表面或单元翘曲而不是变平可能会降低精度。另外,当单元密集又没有大的伸长、歪斜和翘曲时,有限元计算得到的结果就趋于准确。

在此基础上,对图 5-3-3 所示的计算模型进行网格划分,划分的结果如图 5-3-4 所示。

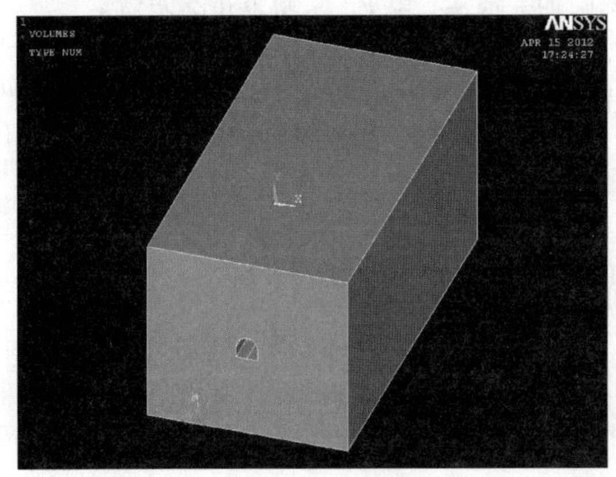

图 5-3-3 计算模型

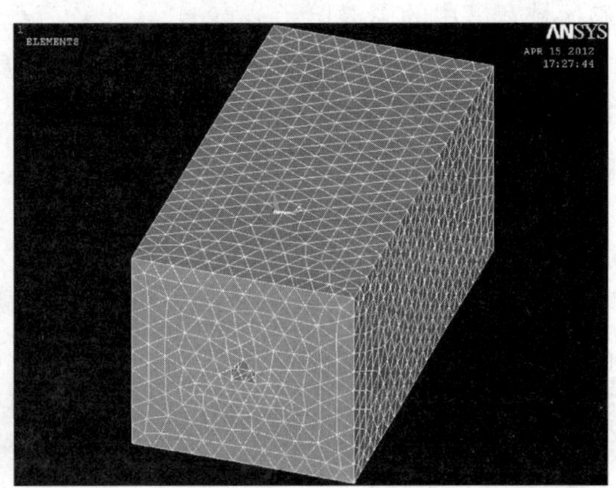

图 5-3-4 计算模型的网格划分

5.3.2.6 分析类型和分析选项

按照作用在结构上的动力荷载类型,结构动力学分析可分为模态分析、谐响应分析、瞬态动力学分析和谱分析。在结构动力学分析中,模态分析理论是基础,其主要用于确定结构的振动特性(即固有频率和振型)。固有频率和振型是承受动力荷载结构设计中的重要参数,谐响应是指任何持续的周期荷载在结构系统中产生持续的周期响应。谐响应分析用于确定线性结构在此承受随时间按正弦规律变化的荷载时的稳态响应,分析的目的是计算出结构在几种频率下的响应值(通常是位移)对频率的曲线。瞬态动力学分析,又称时间历程分析,是一种用于确定承受任意随时间变化荷载的结构动力学响应分析办法,可用来确定结构在稳态荷载、瞬态荷载和简谐荷载任意组合作用下位移、力、应力及应变随时间变化的规律。谱分析主要用于时间—历程分析,以确定结构对随机模型荷载或随时间变化荷载(如地震、海洋波浪、风载、喷气发动机推力、火箭发动机振动等)的动力响应情况。

由于此项研究是关于北庄隧道在爆破作用下地表的振动情况即所谓的地震效应,所以主要的物理参量是震动区内岩体的应力、应变、位移和速度的变化规律。震动区在计算中被认为是弹性区,对于弹性区,在计算中通常取效应变小位移的分析方式,因此在计算中,采用瞬态动力分析方法。

5.3.2.7 积分时间步长

在采用 ANSYS 有限元程序进行爆破地震效应模拟时,需对隧道周壁处实测到的震动波形进行数字离散化处理,即把曲线表示的振动波形转换成一定时间间隔的振动荷载数值。由振动测试技术的波形采集原则知,一个周期有 10 个以上的采样点就能保证震动波形不失真,而采用数值方法对波的传播与衰减特征进行分析时,步长的基本选取准则是沿波的传播方向上每一波长至少应有 20 个单元。因此,对于主频小于 100Hz 的浅孔爆破而言,0.2ms 的计算步长已使输入波在一个周期内的离散点达 50 个以上,完全能反映输入荷载波的特征。

对波形进行离散化处理时,为提高波形离散处理的精度,采用振动测试系统的分析软件,按照 0.2ms 的时间间隔逐点读取各时刻的振动速度。在 ANSYS 有限元程序计算时,选取斜坡荷载输入方式,将各个时间离散点的荷载值由波形起点时刻开始逐一施加在隧道爆破区域宽度内的周壁单元节点上,在所有荷载步施加完成后,再进入求解器进行求解。

为真实模拟岩体受动荷载作用时的能量衰减过程,动力响应分析需引进瑞利阻尼系数。通过反复的试算并与已知实测结果对比,模拟分析中的阻尼系数确定为 $\alpha=0.035$,$\beta=0.01$。

5.4 计算结果与分析

从振动速度波形的特征分析可看出,尽管采用隧道周壁的实测波形作为荷载输入获得的模拟波形的形态、振幅及其随时间的变化等都与地表的实测波形十分相似,但并不是完全相同,其振幅、主振频率和振动持续时间等振动参数同实际测量数据相比难免存在一定的误差。鉴于模拟精度直接影响到模拟结果的可靠性和实用性,有必要对模拟振动参数的准确性进行统计分析。在数值模拟计算中,选择与现场测点相对应的 5 个计算结果对比分析,表 5-4-1 ~ 表 5-4-3 列出了左隧道 5 个地表点的振动参数实测结果和模拟结果,表 5-4-4 和表 5-4-5 列出了模拟值与实测值的误差分析结果。

对左隧道主洞炮点(炸药为 54kg)振动主频值模拟计算结果 表 5-4-1

监测点号	空间距离(m)	实测数据 F(Hz)	三角脉冲波输入的计算结果(Hz)	实测振动波输入的计算结果(Hz)
Z1	44.9693	3.3	2.4	3.0
Z2	60.186	4.0	3.3	3.3
Z3	80.4858	4.0	3.4	3.5
Z4	107.0094	2.8	2.1	2.2
Z5	157.6428	5.0	4.0	4.2

对左隧道主洞炮点(炸药为 54kg)速度模拟计算结果 表 5-4-2

监测点号	空间距离(m)	实测数据(cm/s)	三角脉冲波输入的计算结果(cm/s)	实测震动波输入的计算结果(cm/s)
Z1	44.9693	1.366	1.100	1.110
Z2	60.186	1.312	1.009	1.021
Z3	80.4858	1.172	1.001	1.011
Z4	107.0094	1.000	0.720	0.865
Z5	157.6428	0.142	0.111	0.123

巩登高速北庄隧道左幅主洞炮点(炸药为54kg)最大振幅值模拟计算结果　表5-4-3

监测点号	空间距离(m)	实测数据(cm)	三角脉冲波输入的计算结果(Hz)	实测震动波输入的计算结果(Hz)
Z1	44.9693	27.3	23.2	24.6
Z2	60.186	26.2	22.1	23.8
Z3	80.4858	23.4	20.1	21.3
Z4	107.0094	20.2	17.4	18.6
Z5	157.6428	2.8	1.3	2.1

三角脉冲波模拟值与实测值的误差分析结果　表5-4-4

监测点号	主频		速度		最大振幅	
	绝对误差(Hz)	相对误差(%)	绝对误差(cm/s)	相对误差(%)	绝对误差(cm)	相对误差(%)
Z1	0.9	27.27	0.266	19.47	4.1	15.02
Z2	0.7	17.5	0.303	23.09	4.1	15.65
Z3	0.6	15	0.171	14.59	3.3	14.10
Z4	0.7	25	0.280	28.00	2.8	13.86
Z5	1.0	20	0.031	21.83	1.5	53.57

实测震动波模拟值与实测值的误差分析结果　表5-4-5

监测点号	主频		速度		最大振幅	
	绝对误差(Hz)	相对误差(%)	绝对误差(cm/s)	相对误差(%)	绝对误差(cm)	相对误差(%)
Z1	0.3	9.09	0.256	18.74	2.7	9.89
Z2	0.7	17.50	0.291	22.18	2.4	9.16
Z3	0.5	12.50	0.161	13.74	2.1	8.97
Z4	0.6	21.43	0.135	13.50	1.6	7.92
Z5	0.8	16.00	0.019	13.38	0.7	25.00

从表5-4-1～表5-4-3可知,不论采用三角形脉冲波还是隧道周壁实测的震动波作为动荷载的输入方式,模拟计算得到的地表各点的振动幅值与实测值都很接近,说明模拟的震动强度随距离的衰减规律与现场实际情况相符合。但相对而言,以振动波输入计算的精度更高,其相对误差(7.92%～25%)要比脉冲波输入计算的误差(14.1%～53.57%)小,所以,震动波输入要比三角脉冲波模拟的结果好。

然而,对比表5-4-1～表5-4-3以及表5-4-4和表5-4-5中两种输入形式下的主频计算结果知,采用隧道实测的振动波输入计算得到的模拟波主频与实际值更接近,其绝对误差多介于0.5～0.8Hz,最大相对误差21.43%。而采用三角形脉冲波输入计算得到的模拟波主频的绝对误差均介于0.7～1.0Hz,且其最大相对误差达27.27%。

从模拟波的持时计算结果与相应的实测数据对比分析发现,隧道实测的振动波输入计算得到的模拟波速度与实际值更接近,其绝对误差多介于0.019～0.291cm/s,最大相对误差22.18%,而采用三角形脉冲波输入计算得到的模拟波速度的绝对误差均介于0.031～0.303cm/s,且其最大相对误差达28%。因此,相对而言振动波输入计算得到的振动速度更接近于实际值。

5.5 本章小结

1. 进行浅埋隧道爆破震动效应模拟,将爆破动荷载直接施加于爆区开挖边界,地表和隧道已开挖区周边视为自由边界、其余计算区域周边为无反射固定边界建立三维数值模拟的计算模型是可行的。

2. 数值计算获得的模拟震动波形是纵波和横波的综合表现形式,不可能像实测波形那样将二者区分开来。动荷载输入波形的形式将影响模拟计算的振动速度波形,采用隧道周壁地面振动波输入计算所得到的地表模拟波形与实测的震动波形很相近,并且其振动速度随时间衰减的规律也与实测结果基本一致。按脉冲波输入计算得到的模拟波形与实测震动波有较大差异,主要表现在模拟波的误差较大,这可能与脉冲波的波形过于简单有关。

3. 在对浅埋隧道爆破震动效应进行数值模拟时,采用隧道地面的实测震动波作为动荷载的输入方式优于三角形脉冲波。实测的震动波输入计算得到的模拟波最大震幅的相对误差(7.92% ~25%)要比脉冲波输入计算的误差(14.1% ~53.57%)小;实测的振动波输入计算得到的模拟波主频的绝对误差多介于0.5~0.8Hz,最大相对误差21.43%,都优于采用三角形脉冲波输入计算的绝对误差(0.7~1.0Hz)和最大相对误差达27.27%;实测的震动波输入计算得到的模拟波速度的绝对误差多介于0.5~0.8Hz,最大相对误差21.43%。而采用三角形脉冲波输入计算得到的模拟波主频的绝对误差均介于0.7~1.0Hz,且其最大相对误差达27.27%。

6 隧道爆破引起的建筑物响应数值模拟

6.1 概述

爆破地震波对建筑物的影响问题一直是爆破震动效应研究的主要内容之一。长期以来,国内外许多学者通过加强各种爆破条件下的地震波引起的建筑物破坏现象、破坏特征的宏观调查以及爆破地震波的特征参数、结构动力响应参数和结构动力特性参数的测试工作,以调查资料和爆破振动测试数据为依据,针对该问题进行了大量的研究工作,并且也取得了一定的成果。但由于问题的复杂性,迄今为止,研究工作仍远远落后于工程实践,许多问题还没有得到根本上的解决,因而在一些工程中,甚至出现研究结果与实际情况有较大出入的现象。随着对爆破地震效应的控制愈来愈严格,在今后的一段时间内,爆破地震波对建筑物的影响研究,仍将是工程爆破领域的热点问题之一。

从爆破地震作用下结构的动力响应理论分析可知,结构振动响应函数表达式不仅含有求和因子,而且含有积分因子。此外,爆破引起的地面运动是一系列随时间变化的随机脉冲,不能用明确的数学函数描述,因而要想从理论上求出结构振动响应的解析结果是十分困难的。

目前,有限元数值分析方法和现场测试法是研究结构动力响应的两种主方法。有限元法能够将连续介质进行离散化处理,具有较强的分析功能,且经济方便,已被广泛用于分析结构的动力响应问题,如结构在冲击荷载、震荷载、风动荷载等作用下的动力计算。但鉴于实际工程问题的复杂性,在采用有限元法进行分析时,计算前仍需对问题进行一定的概化和假定;另外,有关的计算参数和荷载也有一定的近似性,这些不利因素都将对结果的计算精度产生影响。采用现场监测方法来研究结构的振动响应,可以得到较为准确的结果,但是在实际施工过程中,由于测点布置数目有限,以及测点布置的部位往往位于结构表面,因而采用这种方法获得的研究结果难以完全反映整个结构的振动响应状态。此外,在施工过程中进行现场监测,虽然具有实时性和事后反馈性的优点,但施工前的预见性较差。将数值模拟方法和现场实测方法结合起来,无疑会提高分析问题的准确性,还可以弥补单一的现场监测方法预见性较弱的缺陷。

建筑物在爆破地震荷载作用下,由于基础的运动而引起结构振动,爆破地震波对建筑物的影响问题实际上是结构的动力响应问题。从研究问题的一般规律出发,要想弄清楚爆破地震波对建筑物的影响,首先必须对影响建筑物动力响应的因素及其影响规律进行研究。本章首先基于结构动力学理论分析结构在爆破地震作用下的位移响应,重点讨论地震波的频率和持时这两个特征参数对结构位移响应的影响;其次采用数值分析结合现场实测的研究模式,对浅埋隧道掘进爆破引起的地表高层建筑物振动响应特征及其变化规律进行研究,为类似的研究提供一种分析途径。

6.2 爆破地震作用下结构的动力响应理论研究

在结构动力学中,结构的振动位移和振动内力是描述结构振动响应的最基本的两个参量,这两个基本参量可以通过已有的内力 - 位移关系式进行换算,它们直接反映了结构的受力和变形情况。其他结构振动响应描述参量如振动应力、振动应变、振动速度和振动加速度,可通过这两个基本参量推演确定。下面以结构振动位移响应为例来分析爆破地震作用下建筑物的响应。

爆破地震是由不同频率、不同幅值的波动在时间域内的随机组合结果,是一个复杂的振动信号。由振动理论可知,复杂的振动信号可视为由不同振幅和不同频率的谐波叠加而成,因此,爆破地震波可假设为:

$$x_0(t) = \sum_{k=1}^{n} A_k \sin(w_k t) \tag{6-2-1}$$

$$x'_0(t) = \sum_{k=1}^{n} w_k A_k \sin(w_k t + f_k) \tag{6-2-2}$$

$$x''_0(t) = \sum_{k=1}^{n} w_k^2 A_k \sin(w_k t + \varphi_k) \tag{6-2-3}$$

式中:$x_0(t)$——质点振动位移;

$x'_0(t)$——质点振动速度;

$x''_0(t)$——质点振动加速度;

A_k——第 k 个谐波的位移振幅;

ω_k——第 k 个谐波的圆频率;

t——时间;

f_k,φ_k——分别为速度、加速度与位移间的相位差。

式(6-2-1)和式(6-3-3)可以改写为:

$$\dot{x}_0(t) = \sum_{k=1}^{n} v_k \sin(w_k t + f_k) \tag{6-2-4}$$

$$x''_0(t) = \sum_{k=1}^{n} a_k \sin(w_k t + \varphi_k) \tag{6-2-5}$$

式中:v_k——第 k 个谐波的速度振幅,$v_k = \omega_k A_k$;

a_k——第 k 个谐波的加速度振幅,$a_k = \omega_k^2 A_k$。

建筑物是由各种构件组成的空间体系,其在爆破地震作用下的振动是一种很复杂的空间振动,在进行分析时,常需将建筑物结构进行适当简化。对于质量比较集中的结构,可以将其视为单质点体系,当该体系只作单向振动时,即为一单自由度体系。

如果单自由度体系在地震作用前处于静止状态,其振动位移响应为:

$$x(t) = \frac{1}{w'} \int_0^t x_0''(t) \mathrm{e}^{-\xi w(t-\tau)} \sin w'(t-\tau) \mathrm{d}\tau \tag{6-2-6}$$

式中:$x(t)$——振动位移;

ξ——阻尼比；

ω——不考虑阻尼时的固有圆频率；

ω'——考虑阻尼时的固有圆频率，$w' = \sqrt{1-\xi^2}w$；

$x_0''(t)$——在 $t=\tau$ 时，建筑物所在地地面质点水平运动加速度。

将式(6-2-5)代入式(6-2-6)中，爆破地震作用下单自由度体系结构的振动位移响应可表述为：

$$x(t) = \frac{1}{w'}\sum_{k=1}^{n}\int_0^t a_k e^{-\xi w(t-\tau)} \sin(w_k t - \varphi_k)\sin w'(t-\tau)\mathrm{d}\tau \tag{6-2-7}$$

在分析结构的动力响应时，对于质量比较分散的复杂结构，常将其视为多自由度体系结构。地震作用下多自由度体系结构任意质点的振动位移响应为：

$$x_i(t) = \sum_{j=1}^{n}\gamma_j\Delta_j(t)X_{ji} \tag{6-2-8}$$

式中：$x_i(t)$——任意质点的振动位移；

γ_j——体系中第 j 个振型的振型参与系数；

$\Delta_j(t)$——位移反应函数；

X_{ji}——j 振型 i 质点的振型位移。

$$\gamma_j = \frac{\sum_{j=1}^{n} m_i X_{ji}}{\sum_{j=1}^{n} m_i X_{ji}^{2}} \tag{6-2-9}$$

式中：m_i——第 i 质点的质量。

$$V_j(t) = \frac{1}{w_j}\int_0^t x_0''(t)\mathrm{e}^{-\xi_j w_j(t-\tau)}\sin w_j(t-\tau)\mathrm{d}\tau \tag{6-2-10}$$

式中：ω_j——振型 j 相应的振子的固有圆频率；

ξ_j——振型 j 相应的振子的阻尼比。

将式(6-2-5)代入式(6-2-10)中，得：

$$\Delta_j(t) = -\frac{1}{w_j}\int_0^t a_k \mathrm{e}^{-\xi_j w_j(t-\tau)}\sin(w_k\tau+\varphi_k)\sin w_j(t-\tau)\mathrm{d}\tau \tag{6-2-11}$$

将式(6-2-11)代入式(6-2-8)中，爆破地震作用下多自由度体系结构任意质点的振动位移响应可进一步表述为：

$$x_j(t) = -\sum_{j=1}^{n}\sum_{k=1}^{n}\int_0^t \frac{\gamma_j x_{ji}}{w_j}a_k \mathrm{e}^{-\xi_j w_j(t-\tau)}\sin(w_k\tau+\varphi_k)\sin w_j(t-\tau)\mathrm{d}\tau \tag{6-2-12}$$

上述对爆被地震波的谐波分析和结构的振动位移响应分析表明，爆破地震各强度描述因子(位移、速度和加速度)均为谐波的位移振幅、谐波频率和时间的函数，建筑物的位移振动响应是结构的固有频率、阻尼比、地面质点振动加速度和时间的复合函数。可见，建筑物的位移振动响应不仅与结构的动力特性有关，而且还与爆破地震波的特征密切相关。

从爆破地震作用下结构的振动位移响应表达式(6-2-6)和式(6-2-12)可知，由于爆破地震波是由不同振幅和不同频率的谐波叠加，因而建筑物在爆破地震作用下的振动响应也是各谐波作用下的振动响应的叠加。另外，从地震作用下多自由度体系结构任意质点的振动位移响应表达式(6-2-8)可知,质量比较分散的复杂结构的振动响应可以转化为若干振型的叠加,每个振型可以作为一个单自由度体系考虑,因而对单自由度体系在爆破地震作用下的振动位移响应分析是分析建筑物在爆破地震作用下的振动响应的基础。

单自由度体系在各谐波作用下的振动响应的叠加是一个非常复杂的过程,在此先对单自由度体系在爆破地震波的一个谐波分量作用下的振动位移响应进行分析。从式(6-2-5)可知,爆破地震波的一个谐波可表述为:

$$x_{0k}(t)=A_k\sin(w_kt+\varphi_k) \tag{6-2-13}$$

式中:$x_{0k}(t)$——k 个爆破地震波谐波对应的振动位移。

单自由度体系在该谐波作用下的振动位移响应可由式(6-2-6)直接积分求得:

$$x_k(t)=\mathrm{e}^{-\xi wt}\frac{w^2A_k\sin(a-\varphi_k)}{\sqrt{(w^2-w_k^2)+4\xi^2w^2w_k^2}}\cos w't-\mathrm{e}^{-\xi wt}\frac{w^2A_k\left[-\xi\frac{w}{w'}\sin(a-\varphi_k)+\frac{w_k}{w'}\cos(a-\varphi_k)\right]}{\sqrt{\sqrt{(w^2-w_k^2)+4\xi^2w^2w_k^2}}}+$$

$$\frac{w^2A_k}{\sqrt{(w^2-w_k^2)+4\xi^2w^2w_k^2}}\sin(w_kt+\varphi_k-\alpha) \tag{6-2-14}$$

式中:$\alpha=\tan^{-1}\frac{2\xi ww_k}{w^2-w_k^2}$。

在式(6-2-14)中,第一、二项是圆频率为 ω' 的自由振动,是伴随动力荷载的作用而产生的,由于两项都含有因子 $\mathrm{e}^{-\xi wt}$,因而自由振动的振幅随着时间逐渐衰减,属于非稳态振动。式(6-2-14)中的第三项是按动力荷载的圆频率进行的强迫振动,振动幅值不随时间衰减,属于稳态振动。可见,单自由度体系在爆破地震作用下的振动响应是非稳态自由振动和稳态强迫振动的合成。

6.3 浅埋隧道爆破引起的地表结构响应数值计算

6.3.1 分析类型及分析选项

瞬态动力学分析,又称时间历程分析,是一种用于确定承受任意随时间变化荷载的结构动力学响应分析办法,可用来确定结构在稳态荷载、瞬态荷载和简谐荷载任意组合作用下位移、力、应力及应变随时间变化的规律。荷载和时间的相关性使得惯性力和阻尼作用比较重要。如果惯性力和阻尼作用不重要,就可以用静力学分析代替瞬态分析。

瞬态动力学的基本运动方程为:

$$[M]\{u''\}+[C]\{u'\}+[K]\{u\}=\{F(t)\} \tag{6-3-1}$$

式中:$[M]$——质量矩阵;

$[C]$——阻尼矩阵;

$[K]$——刚度矩阵;

$\{u\}$——节点位移矢量;

$\{u'\}$——节点速度矢量;

$\{u''\}$——节点加速度矢量。

在任意给定的时间 t,这些方程可看作是一系列考了惯性力 $[M]\{\ddot{u}\}$ 和阻尼力 $[C]\{\dot{u}\}$ 的静力学平衡方程,ANSYS 程序使用 Newmark 时间积分方法在离散的时间点上求解这些方程。两个连续时间点间的时间增量称为积分时间步长。

对于方程(6-3-1)的解法有完全法、模态叠加法和缩减法三种方法。其中,模态叠加法是通过对模态分析得到的振型乘上因子并求和来计算结构的响应,此法是 ANSYS/Professional 程序中唯一可用的瞬态动力学分析法。

模态叠加法具有以下优点:

(1)对于许多问题,它比缩减法或完全法更快,开销更小。

(2)只要模态分析不采用 PowerDynamics 方法,可以通过 LVSCALE 命令将模态分析中施加的单元荷载引入到瞬态分析中。

(3)允许考虑模态阻尼。

由此,在研究关于在北庄隧道爆破作用下,地表建筑物的振动响应情况时,采用瞬态动力分析方法。在瞬态动力分析中,采用 Newmark 时间积分方法。

6.3.2 计算原理

考虑到结构的复杂性,采用有限元方法将结构离散为有限自由度的体系。在计算结构的爆破地震响应时,采用的数值解法为工程上常用的 Newmakr 法对结构运动控制方在分离时间点进行求解。Newmakr 法的基本思想是将荷载作用时间等分隔成若干小的时段,依据 t 时刻的状态向量和 $t+\Delta t$ 时刻的状态向量之间的关系,从已知的 $t=0$ 时刻的状态向量计算 $t=0+\Delta t$时刻的状态向量,进而计算 $t+\Delta t$ 状态向量,直至 $t=T$ 时刻终止,这样便可得到结构动力响应全过程。Nwemark 法采用如下假设:

$$\{u_{t+\Delta t}\}=\{u_t\}+\{u_t'\}\Delta t+\left[\left(\frac{1}{2}-a\right)\{u_t''\}+a\{u''_{t+\Delta t}\}\right]\Delta t^2 \tag{6-3-2}$$

$$\{u'_{t+\Delta t}\}=\{u'_t\}+[(1-\beta)\{u_t''\}+\beta\{u''_{t+\Delta t}\}]\Delta t \tag{6-3-3}$$

式中:$\{u_t\}$、$\{u'_t\}$、u_t''分别为 t 时刻的结构的位移列阵;速度列阵、加谏度列阵;$\{u_{t+\Delta t}\}$、$\{u'_{t+\Delta t}\}$、$\{u''_{t+\Delta t}\}$分别为 $t+\Delta t$ 时刻的结构的位移列阵、速度列阵、加速度列阵;Δt 为时间步长;∂、β 是按积分精度和稳定性要求而确定的参数。

联立求解式(6-3-1)、式(6-3-2)式,得到:

$$\{u'_{t+\Delta t}\}=\{u'_t\}+[(1-\beta)\Delta t\{u''_t\}+\beta\Delta t\{u''_{t+\Delta t}\}] \tag{6-3-4}$$

$$\{u''_{t+\Delta t}\}=\frac{1}{a\Delta t^2}[\{u_{t+\Delta t}\}-\{u_t\}]-\frac{1}{a\Delta t}\{u'_t\}-\left(\frac{1}{2a}-1\right)\{u''_t\} \tag{6-3-5}$$

结构 $t+\Delta t$ 时刻的运动方程为:

$$[M]\{u''_{t+\Delta t}\}+[C]\{u'_{t+\Delta t}\}+[K]\{u_{t+\Delta t}\}=\{P_{t+\Delta t}\} \tag{6-3-6}$$

式中:$[M]$、$[C]$、$[K]$分别为结构的质量阵、阻尼阵和刚度阵;$\{P_{t+\Delta t}\}$为结构在 $t+\Delta t$ 时刻的外激振力列阵。

将式(6-3-4)、式(6-3-5)代入式(6-3-6)可得一方程。

假设结构在未受到爆破地震激励时是静止的,有初始条件$\{u_0\}=0$、$\{u'_0\}=0$。

根据式(6-3-4)、式(6-3-5)、式(6-3-6),可以依次求得结构在时间 Δt、$2\Delta t$、

$3\Delta t$、…、t、$t+\Delta t$ 的位移、速度和加速度。

对于 Newmark 方法,当 $\beta\geqslant 0.5$ 且 $\alpha\geqslant 0.25\ (\beta+0.5)^2$ 时,是无条件稳定的,可取 $\alpha=0.25$、$\beta=0.5$ 进行计算。

通过上述的 Newmark 方法,可对浅埋隧道上的地表建筑在垂向爆破地震作用下的动力响应进行时程分析。

6.3.3 动荷载的加载

从地震波动理论而言,地震波具有行波效应,主要表现在距离震源不同距离的地点振动幅值和相位不同。对于一般建筑物在天然地震作用下,由于天然地震波频率较低,建筑物基础的特征尺度相对于天然地震波波长甚短,可以不考虑这种行波效应,可以假定认为地基上各点的运动完全一致。但对于爆破地震来说,由于爆破地震波的频率较高,地基上各点所受的激励力的大小和相位都有差异,特别是对于大尺度的建筑物,这种行波效应愈加明显。如果仍然假定地基上各点的运动完全一致,在对建筑物的振动响应进行数值计算时,建筑物的荷载施加点采用同一地震波形,振动响应的计算结果可能会导致明显的错误。因而,在对爆破地震作用下的振动响应进行数值模拟分析时,应采用多点输入,即取不同的波荷载作用于结构底部各点。

由于巩登高速公路北庄隧道是穿越村庄,从村庄的正下方通过,所以在计算中假设隧道掌子面处于建筑物的正下方。在计算中,采用结构的爆破地震荷载采用巩登高速公路北庄隧道掘进爆破的地表实测波形(波形见附图 1A:监测点 Z1 号在左洞 54kg 爆破时的振动幅值曲线图、附图 2A:监测点 Z2 号在左洞 54kg 爆破时的振动幅值曲线图、附图 3A:监测点 Z3 号在左洞 54kg 爆破时的振动幅值曲线图、附图 4A:监测点 Z4 号在左洞 54kg 爆破时的振动幅值曲线图附图 5A:监测点 Z5 号在左洞 54kg 爆破时的振动幅值曲线图),由于建筑物位于隧道正上方,在此只对垂向地震作用引起的结构动力响应进行分析。

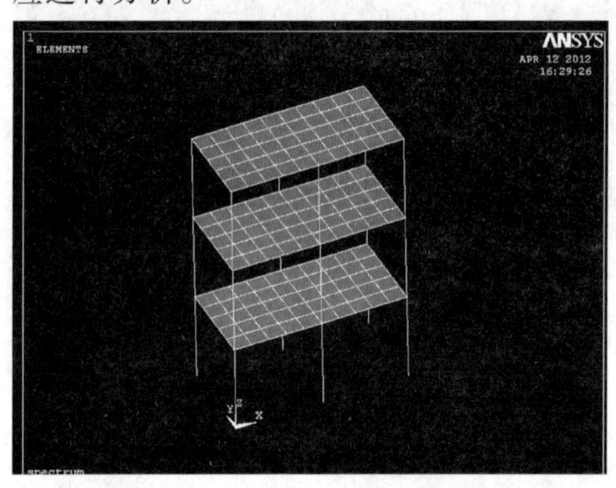

图 6-3-1 计算模型

6.3.4 模型建立以及网格划分

在实际中,为了提高建筑物的抗震性能,在砌体结构中,常采用构造柱和圈梁,楼板经常做成现浇,此外考虑到农村地区的房屋层高一般为两三层,所以在计算中,模型可以假设为三层的框架结构,上部结构的立体图如图 6-3-1所示。考虑到隧道掘进爆破时爆源的对称性,取浅埋隧道轴线上的一品框架作为研究对象,框架共 3 层,层高 3m,总高 9m,框架形式如图 6-3-1所示。框架柱的截面为 0.3m × 0.3m,惯性矩为 $5.2\times10^{-3}\mathrm{m}^4$。框架梁的截面为0.25m × 0.3m,惯性矩为 $1.33\times10^{-3}\mathrm{m}^4$。结构按弹性结构考虑,结构材料弹性模量为 $3\times10^7\mathrm{kPa}$。

6.3.5 施加约束

在 ANSYS 的分析中,为了真实反映实际物理量情况,将自由度约束作为一种荷载施加在结构上。自由度也称为节点自由度,是有限元求解过程中的唯一变量,而有限元计算最终得到的自由度的值称为基本解。自由度约束通常只作为所需要的重要参量,是有限元分析所计算的量。所以在大多数分析问题中,都需要施加响应的自由度约束,并且自由度约束一般作为边界条件加载在模型上。

在此项分析中，考虑到在实际的设计中，上部结构通常是和地基基础分开来考虑，并且一般都假设为固定支座，所以在 ANSYS 计算中，把框架结构的底部的约束按照固定支座来考虑，如图 6-3-2 所示。

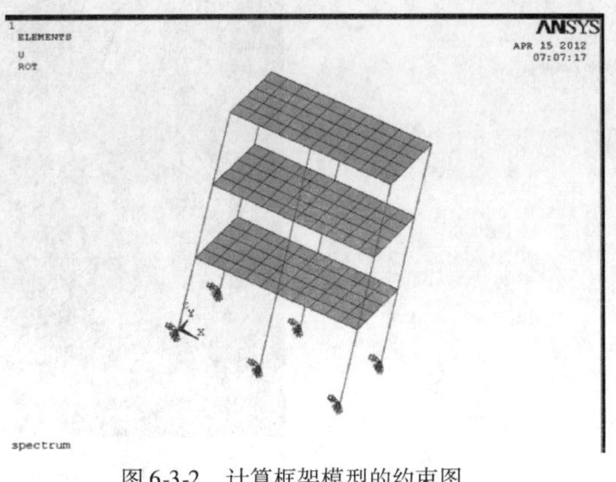

图 6-3-2　计算框架模型的约束图

6.4　计算结果分析

本节内容主要讨论在地层条件和爆源给定的条件下，上部结构的加速度、位移、速度的响应，通过对不同高度的楼层，加速度、位移、速度的比较，从中得到相关规律，如图 6-4-1 所示。

从节点位移云图可以看出，在垂向地震作用下，每一层的位移具有相同的特点，即每一层的位移呈现出哑铃状，都是两头大，中心小。中心位移小的原因可能是中心部位的位移受到了中间框架柱约束的影响，两头的位移比较大的原因主要是框架柱的约束较小。

从节点 Mises 应变云图（图 6-4-2）可以看出，在垂向地震作用下，底层的应力最小，顶层应力最大。随着层高的增加，每一层的应力增加。另外，从图中可以看出每一层的应力具有相同的特点，即每一层的应力都是在中间框架柱部位比每一层其他部位大，出现这种原因是中心部位受到了中间框架柱约束的影响。相比较底层和中间层，顶层中间框架柱部位应力面积比较大，且应变比较大，出现这种现象的原因很可能是和所谓的“鞭梢效应”有关。

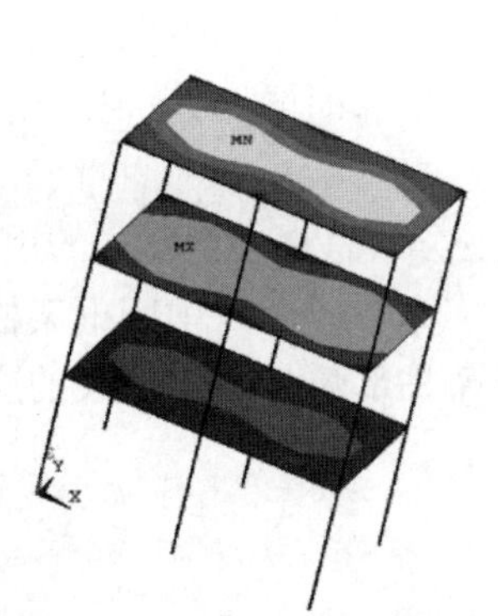

图 6-4-1　最后的节点位移云图

图 6-4-2　最后的节点 Mises 应变云图

从节点 Mises 应变云图可以看出，在垂向地震作用下，节点 Mises 应变云图和节点 Mises 应力云图具有相同的特点。从图 6-4-3 可以看出，底层的应变最小，顶层应变最大。随着层高的增加，每一层的应变增加。另外，从图中可以看出每一层的应变具有相同的特点，即每一层的应变都是在中间框架柱部位都比每一层其他部位大，出现这种原因是中心部位受到了中间框架柱约束的影响。相比较底层和中间层，顶层中间框架柱部位应变面积比较大，且应变比较大，出现这种现象的原因很可能是和所谓的“鞭梢效应”有关。

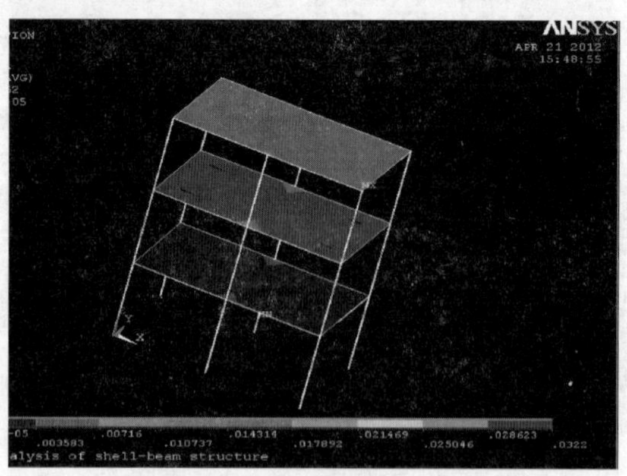

图 6-4-3 最后的节点 Mises 应变云图

6.5 本章小结

本章节所研究的重点是在爆破垂向地震波的作用下,隧道地表面建筑物的应力、应变、位移响应以及其变化规律。为了研究简单,将取农村中常见的、底部为固定约束的三层框架结构为研究对象,建立计算模型,将地表实测的地震波施加在这个三层框架建筑物上。运用通用有限元软件 ANSYS 的模态叠加法中的 Newmark 时间积分方法进行分析,计算在同一地层条件下距爆源不同高度不同距离楼层梁的应力、应变和位移,及其变化规律。

将本章节的主要结论总结如下:

(1)进行浅埋隧道爆破引起的地表建筑物响应模拟,将爆破震动波直接施加于地表底部为固定约束的建筑物的计算模型是可行的。

(2)在竖向地震波的作用下,建筑物的位移、应力和应变具有相同的规律,楼层的位移随着层高的增加而变大,应力和应变也是如此,都是随着楼层的增加而增加,呈现出显著的"鞭梢效应"。

(3)在竖向地震波的作用下,每一层的位移、应力和应变分布呈现出了不同的规律,位移呈现中间框架柱位置最小,框架柱之间的中部位置最大,而应力和应变在中间框架柱位置最大,在框架柱之间的中部位置最小。另外,顶层的在中间框架柱部位处的比较大的应力和应变面积比较大。

7 隧道施工光面爆破技术

光面爆破是通过控制爆破的作用范围和方向,使爆破后的岩面光滑平整,防止岩面开裂,以减少超、欠挖和支护的工程量,增加岩壁的稳定性,减弱爆破振动对围岩的扰动,进而达到控制岩体开挖轮廓的一种技术。同时光面爆破也是一种难度较大的施工技术,在施工中如爆破参数、施工方法选取不当,往往无法达到理想的爆破效果。

光面爆破参数选择主要与地质条件有关,其次是与炸药的品种与性能,以及隧道开挖断面的形状与尺寸有关,在浙江金丽温高速公路红枫隧道施工中,由于各项爆破参数选取合理,光面爆破取得了很好的效果。爆后岩面光滑平整,炮眼痕迹保存率在90%以上,肉眼基本上看不到爆破裂隙,光面爆破技术有效地控制了红枫隧道的超欠挖,从而大大减少了开挖、回填以及支护的工程量。减轻了爆破对围岩的扰动,充分发挥了围岩的自承能力,有效地提高了隧道的安全度。

7.1 光面爆破的机理

光面爆破是沿开挖轮廓线布置间距较小的平行炮眼,在这些光面炮眼中进行药量较少的不耦合装药,然后同时起爆,爆破时沿这些炮眼的中心连线破裂成平整的光面如图7-1-1所示。通过国内外实验室研究和现场生产实践可以看出,光面爆破是由于采用不耦合装药,药包爆轰后,炮眼壁上的压力显著降低,此时药包的爆破作用为准静压力。当炮孔压力值低于岩石的抗压强度时,在炮眼壁上不至造成"压碎"破坏。这样爆轰波引起的应力波和凿岩时在炮眼壁上造成的应力状态相似,只能引起少量的径向细微裂隙。裂隙数目及其长度随不耦合系数和装药量而不同。一般在药包直径一定时,不耦合系数值愈大,药量愈小,则细微裂隙数愈少而长度也愈短。

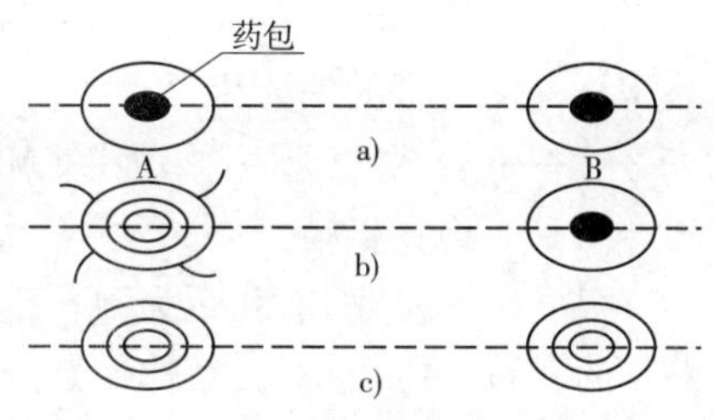

图7-1-1 光面爆破时炮眼连心线上破裂面的形成

a)孔装药情况;b)先爆炮孔对相邻炮孔的影响;c)光面的形成形成光面

光面炮眼组同时起爆时,由于起爆器材的起爆时间误差,不可能在同一时刻爆炸。先起爆的药包的应力波作用在炮眼周围产生细微径向裂隙,如图7-1-1b)所示的A炮眼。由于B炮眼所起的导向作用,结果沿相邻两炮眼连心线的那条径向裂隙得到优先发育。在爆炸气体作用下,这条裂隙继续延伸和扩展,在相邻两炮眼的连心线同眼壁相交处产生应力集中,此处拉应力最大。A、B两炮眼中爆炸气体的气楔作用将这些径向裂隙加以扩展,成为贯通裂隙。

7.2 光面爆破的参数及工艺

7.2.1 光面爆破主要有以下几个参数

1. 不耦合系数

不耦合系数是指炮孔直径 d 和药卷直径 d_0 之比。

$$K = d/d_0 \tag{7-2-1}$$

不耦合系数 $K=1$，表示炮孔直径和药卷直径完全耦合，炮孔全部被炸药装满，药卷与孔壁之间没有空隙。此时，爆轰压力对孔壁作用明显。

$K>1$，表示炮孔直径与药卷直径不耦合，药卷与孔壁之间有空隙。K 越大，则空隙也越大。如果 $K_c>K>1$（K_c——产生压碎的临界不耦合系数），光面爆破的效果就不好；如果 $K>K_c>1$，炮孔周围就不产生压碎圈。所以 $K>K_c>1$ 时进行光面爆破是获得良好效果的必要条件，实践证明，$K=2\sim2.5$ 时，光面效果最好。

2. 炮孔间距和空孔

光面爆破是要使相邻炮孔之间用裂隙连通起来，以形成平整的断裂面，因此，炮孔间距在裂隙中的连通上起着非常重要的作用。

孔距的大小主要取决于炸药的性质、不耦合系数和岩石的物理力学性质，理论上可用式(7-2-2)计算。

$$a = 3.2\left(\frac{2p+\dfrac{6p^2}{p+7}}{[\sigma]_y}\times\frac{\mu}{1-\mu}\right)^{\frac{2}{3}} d \tag{7-2-2}$$

式中，a——炮孔间距；

p——冲击波作用在孔壁上的波峰压力(MPa)；

μ——岩石的泊松比；

$[\sigma]_y$——岩石的极限抗压强度(MPa)；

d——炮孔直径。

根据生产实践，取孔距为炮孔直径的 10～20 倍，即 $a=(10\sim20)d$。在节理、裂隙比较发育的岩石中应取小值，整体性好的岩石中可取大值。

空孔的作用主要是对裂隙的伸展起导向作用。空孔与装药孔距离，一般在 400mm 以内。

3. 最小抵抗线 W

光面层厚度或周边眼到邻近辅助眼间的距离，是光面眼起爆时的最小抵抗线，一般不小于光面眼间距。

4. 周边孔密集系数

周边孔密集系数是指孔距 a 与最小抵抗线 W 之比值，即 $m=a/W$。

m 值的大小，对光面爆破效果影响最大，下面从三种不同情况进行说明。

(1) 当 $m=a/W=2$ 时，孔间距值 a 偏大，而 W 值偏小，成为两个炮孔单独爆破时的爆破漏斗，留下 abc 三角形岩埂，起不到光面爆破效果，如图 7-2-1a) 所示。

(2)当 $m=a/W=1$ 时,如果两炮眼同时起爆,压缩波到达自由面前,即可完成孔间裂隙的贯通,而形成光面。如不同时起爆,另一炮眼起自由面作用,也可达到光面爆破效果,如图7-2-1b)所示。

(3)当 $m=a/W=0.5$ 时,不管是否同时起爆,压缩波到达自由面时,首先到达相邻炮孔,不仅产生裂缝,并使该孔的岩石破坏,甚至造成超挖,也达不到光面爆破的效果,如图7-2-1c)所示。

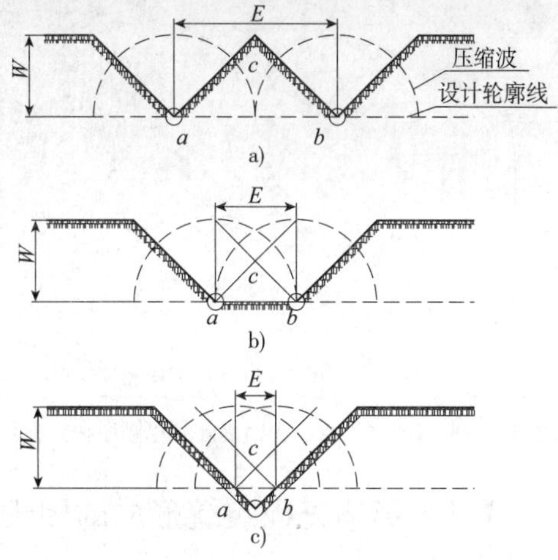

图7-2-1 不同密集系数的爆破情况

实践表明,当 $m=0.8\sim1.0$ 时,爆破后的光面效果较好,硬岩中取大值,软岩中取小值。

5. 线装药密度

线装药密度又叫装药集中度,它是指单位长度炮眼中装药量的多少(g/m)。为了控制裂隙的发育,保持新壁面的完整稳固,在保证沿炮眼连心线破裂的前提下,尽可能少装药。软岩中一般可用70~120g/m,中硬岩中为20~300g/m,硬岩中为300~350g/m。

6. 周边眼的其他参数

(1)炮眼直径 d。光面爆破的周边眼直径无需选择,国内掘进常用的炮眼直径为35~5mm。

(2)周边眼的深度1和角度 a。"预留光面层"法的周边眼深度可达2.5~3m;全断面一次爆破时,周边眼深度一般为1.5~2.0m。确定眼深时,还应考虑到其他作业的生产能力在掘进循环中的充分发挥。

周边眼原则上应布置在设计轮廓线上,但由于受凿岩机机型的限制,不得不向外偏斜一定角度,偏斜角一般为3°~5°。偏斜角度的大小,可根据眼深加以调整,使眼底落在轮廓线外100mm处。隧道光面爆破常用参数如表7-2-1所示。

隧道光面爆破常用参数 表7-2-1

岩石类别	周边眼间距 E(cm)	最小抵抗线 W(cm)	相对距离 E/W	装药集中度 q(g/m)
硬岩	55~65	60~80	0.8~1.0	300~350
中硬岩	45~60	60~75	0.8~1.0	200~300
软岩	35~45	45~55	0.8~1.0	70~120

7.2.2 光面爆破主要施工方案

用光面爆破开挖隧道时有两种方案,一种是全断面法,如图7-2-2所示。对于Ⅳ、Ⅴ类整体性好的围岩,可采用全断面法,此时掏槽眼、辅助眼等的参数按普通爆破来设计,周边眼则按照光面爆破来设计,可用多段毫秒电雷管或非电导爆系统按顺序起爆,掏槽眼、辅助眼间起爆间隔时间不应小于25ms。邻近周边眼的一排炮眼的药量要比其他炮眼的药量少,以控制围岩爆震裂隙的发展。

另一种是预留光面层法,先掘进超前导洞,然后加以刷大,如图7-2-3所示。这种预留光面层法的特点是，在爆破周边眼之前可根据爆破超前导洞的情况进行参数调整或修正轮廓，以达到较好的光面爆破效果。

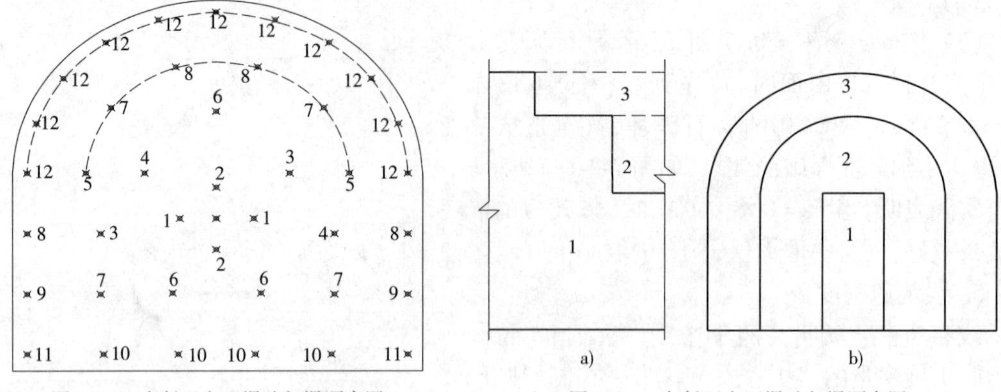

图 7-2-2　全断面光面爆破起爆顺序图　　　图 7-2-3　全断面光面爆破起爆顺序图

7.3　影响光面裂缝形成的因素

影响光面裂缝形成的因素很多，主要因素有装药量和装药结构、最小抵抗线与孔间距的比值、起爆方法、空孔等。

（1）装药结构

为了不破坏需要保护一侧的围岩，要采用较大的不耦合系数（$K = d/d_0$，$K \geqslant 2 \sim 2.5$），环状间隙装药和间隔装药，以及低猛度、低爆速（如 2 000 ~ 3 000m/s）、低密度的炸药。

（2）最小抵抗线、空孔与孔距

最小抵抗线应大于光面孔的孔距。最小抵抗线过小时，孔与孔之间的光面裂隙来不及贯通，各孔就已朝自由面形成爆破漏斗，结果产生凸凹不平的破裂面；相反，最小抵抗线过大时，光面裂隙固然容易形成，但是自由面方向的爆破效果可能要恶化，会出现大块度。

根据理论推算和现场施工分析，空孔和最小抵抗线的比值最好在 0.8 ~ 1。在节理、裂隙发育的岩石中以及开挖面的拐角、弯曲部分，要加密炮孔或增加导向空孔。

（3）起爆间隔时间

实验室爆破试验研究表明，齐发起爆的裂隙表面最平整，微差延期起爆次之，秒差延期最差。齐发起爆时，炮眼贯通裂隙较长，抑制了其他方向裂隙的发育，有利于减少炮眼周围的裂隙的产生，可形成平整的壁面，所以，在实施光面爆破时，间隔时间愈短，壁面平整的效果愈有保证。应尽可能减少周边眼间的起爆时差，相邻光面炮眼的起爆间隔时间不应大于 100ms。

7.4　工程实例

7.4.1　工程概况

北庄隧道设计为分离式单向双车道高速公路隧道，隧道有效净宽 10.75m，净高 7.10m，为单心圆断面，设计行车速度为 100km/h，全隧采用新奥法原理施工。左隧进口位于 R - 1 600m的曲线上，洞身接 R - 1 500m 的曲线上，起讫里程为 ZK20 + 130 ~ ZK21 + 385，全长

1 255m。右隧进口位于 $R-1\ 500$m 的曲线上，洞身接 R－1 450m 的反向曲线，起讫里程为 YK20＋085～YK21＋385，全长 1 300m。

北庄隧道 3A 合同段内线路全长 2555m，其中Ⅴ级围岩 257m，占隧道总长度的 10.05%；Ⅳ围岩长 2298m，占隧道总长度的 89.95%。3A 合同段内共有人行横洞两处，所在左线里程分别为：ZK20＋400、ZK21＋000；共有车行横洞两处，所在左线里程分别为：ZK20＋700、ZK21＋300 位置。车行横洞位置设置相应的紧急停车带 4 处。

1. 隧道位置（图 7-4-1）

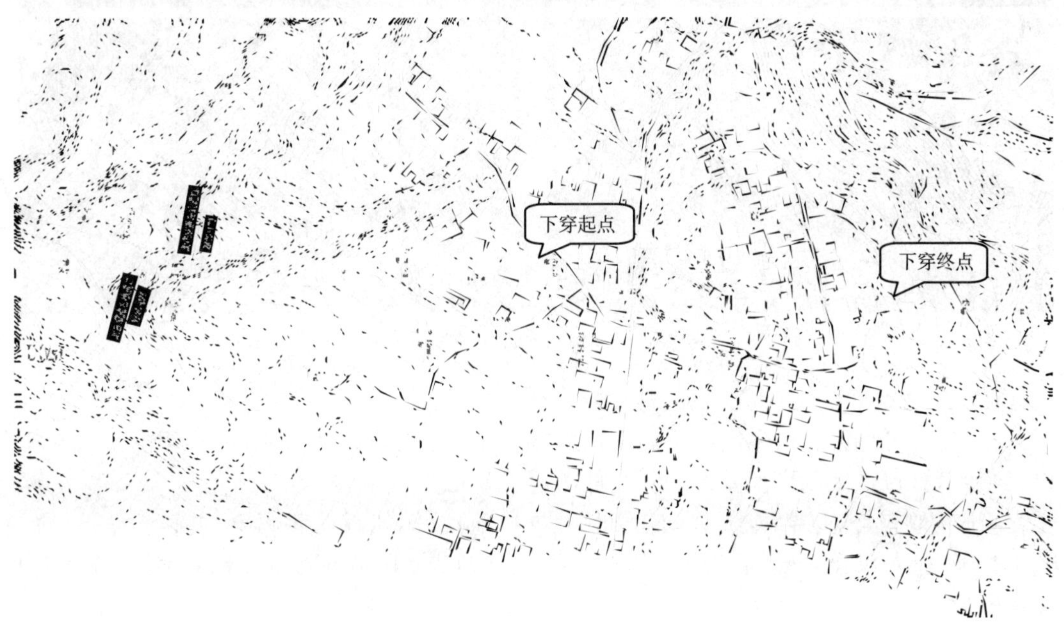

图 7-4-1　北庄隧道平面示意图

北庄长隧道左线桩号：ZK20＋130～ZK22＋635，全长 2 505m，右线桩号 K20＋085～K22＋615，全长 2 530m，其中隧道进口段左线 1255m、右线 1250m 属于 NO3 合同段，左右线出口段属于 NO4 合同段（NO3 合同段和 NO4 合同段分界桩号为 K21＋385）。

隧道为分离式双向四车道设计，单心圆构造，最大开挖半径 6.73m。隧址所在位置地质状况复杂（图 7-4-2），地势起伏大，沟谷分布密集，围岩主要为第四系洪冲积碎石土与粉质黏土互层状分布，自稳性差，易坍塌。北庄隧道从北庄村正下方穿过，左右线穿越段总长度合计约为 900m，设计开挖方量为 96840m^3，地表覆盖层厚度为 37～60m。该段地表房屋密集，结构复杂，多为砖石结构、土坯结构和窑洞（图 7-4-3）。

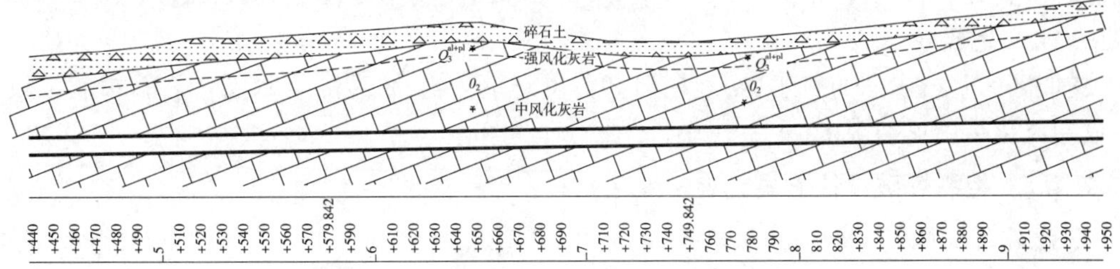

图 7-4-2　北庄隧道下穿北庄村段地质纵断面示意图

图 7-4-3　地表砖砌、砖混、窑洞等房屋

2. 地形地貌

北庄隧道隧址区属伏牛山山系嵩山山脉，地势险峻，地形起伏较大，沟谷切割较深，该区工程地质分区属古老基岩裸露区，属中、低山地貌单元。

隧址区地表大部为基岩出露，隧道北端（进口处）为第四系粉质黏土，夹碎石类土，沟谷及山坡中下部为风化岩（土）及碎石类土堆积，山谷两侧及山坡地带有农作物种植；隧道区中部至出口处均为石灰岩出露，为一裸露的山脊，植被稀少，交通不便。

3. 岩性

隧道区主要为上更新统冲洪积粉质黏土、碎石土及奥陶系灰岩，参照周边工点工程地质资料，大致可分为三个工程地质单元层，分述如下：

（1）碎石土（Q_3^{al+pl}）：碎石土：洞口为第四系冲洪积碎石土，稍湿，稍密 - 中密，分布不均匀，与硬塑状粉质黏土呈互层状分布，容许承载力$[f_{ao}]$ = 300kPa，桩侧土摩阻力标准值q_{ki} = 65kPa。

（2）灰岩（O_2）：强风化石灰岩：灰色，微晶结构，块状构造，矿物成分主要为方解石，岩体裂隙发育。岩体破碎，岩芯多呈碎块状，长度多在 4 ~ 7cm，个别短柱状，长约 13cm。$[f_{ao}]$ = 900kPa。其平均厚度约 7.0m。

（3）灰岩（O_2）：灰色、微晶结构，块状构造，节理裂隙较发育，充填方解石脉线，岩体较破碎，岩芯多呈碎块状，少数呈短柱状。$[f_{ao}]$ = 1 200kPa。其厚度大于 100.0m。

4. 水文地质

隧址区为基岩出露的贫水区，地层岩性为奥陶系灰岩，属裂隙含水层。岩石中裂隙较发育，仅在风化带中见裂隙水，水量较小，水质相对纯净。

7.4.2　控制爆破设计方案确定

1. 爆破震动的安全判据依据

对于爆破震动强度的估算，通过经验公式来计算：

$$v = K\rho^{\alpha} \tag{7-4-1}$$

式中：v——质点振动速度(cm/s)；

K——与地质地形有关的参数，对一般岩石常为40～650；

α——衰减指数，对一般岩石为1～1.75；

ρ——等效药量，或称等效距离，比例距离。

$$\rho = \frac{\sqrt[3]{Q}}{R} \tag{7-4-2}$$

式中：Q——炸药用量(kg)；

R——测点至爆破中心的距离(m)。

由允许安全震动速度通过以下公式计算最大一段允许炸药用量：

$$Q_m = R^3\ (v_{kp}/K)^{\frac{3}{\alpha}} \tag{7-4-3}$$

式中：Q_m——最大一段允许用药量(kg)；

v_{kp}——振动速度控制标准(cm/s)

R——爆源中心至振速控制点距离(m)；

K——与爆破技术，地质地形有关的系数；

α——爆破震动衰减指数；

K,α值——有条件的工点可以通过试验爆破及振动观测直接得出或通过手册资料工程类比确定。

由上式可知，质点的爆破振动强度，与一次爆破的炸药用量和至爆源的距离有关，因为爆炸地震动效应只存在于介质的弹性传播区范围内(该公式只适用于距爆源5～3 000m的范围内)。

已有的观测资料表明，在坚硬岩层中爆破振动频率较高，软弱围岩中振动频率较低。在一座泥岩，砂岩的隧道中，全断面开挖爆破时实测的距开挖面48～62m时围岩的爆破振动频率均在100～200Hz。同时，随着隧道至爆源距离的增加，周期较短的高频振动迅速衰减，而周期较长的低频振动则可以传播得比较远。由于低频振动作用持续时间长，振动幅度大，因而会对围岩或建筑物造成较大的伤害，所以爆破对软弱围岩的危害较大，对地面建筑物的损害比隧道等地下结构要大。

对一般隧道工程的爆破，通常使用毫秒雷管，因而爆破振动的主振相是对应于各段爆破多次出现。炸药量Q值的选取应以出现最大振动速度时相对应的那段药量进行计算是合理的。

2. 计算允许的单段最大共同作用装药量

我国爆破安全规程中，对各类建筑物所允许的安全振动速度有如下规定；

(1)土窑洞、土坯房、毛石房屋1.0～1.5cm/s。

(2)一般砖房，非抗震的大型砌块建筑物2.0～3.0cm/s。

(3)钢筋混凝土结构房屋3.0～5.0cm/s。

(4)水工隧道7～15cm/s。

(5)交通隧道10～20cm/s。

实际应用时，每个工程都要结合工程的具体情况，作出相应的安全规定。如建筑物的质

点峰值振动速度安全控制标准:

(1)较坚固的建筑(如砖混)<2.5cm/s。

(2)一般建筑物<1.5cm/s。

(3)陈旧房屋<0.8cm/s。

(4)隧道　Ⅲ类围岩<3cm/s,Ⅳ类围岩<5~6cm/s。

巩登高速公路北庄隧道通过与以往相似穿过构造物的同类地质条件隧道相比较(宜昌云集隧道一条穿越东山,连接老城区与开发区的城市隧道。穿过砂岩加泥岩地层,属Ⅲ类围岩,隧道宽12.16m,高8.36m,穿越宜昌火车站段埋深仅15.8m。地表有候车大厅,旅馆,站台等建筑,多为砖混建筑。经研究其安全振动速度定为不大于0.8cm/s,可确保安全)。并结合北庄村建筑物多为砖石结构,而且较为破碎,所以选定的安全振动速度为不大于1.0cm/s,是较为合理的判定。其中爆破系数 K 按照同类地质情况选择为300,爆破振动衰减指数 α 选定为1.90。见表7-4-1。

$Q_m = R^3\ (v_{kp}/K)^{\frac{3}{\alpha}}$ 计算出的不同 R_i 时允许最大段装药量　　表7-4-1

序号	1	2	3	4	5	6	7	8	9	10
R(m)	20	21	22	25	30	35	40	45	50	55
Q_m(kg)	0.98	1.14	1.31	1.92	3.31	5.26	7.85	11.18	15.33	20.41

得出 $Q_m = 0.000\ 122R^3$kg。

结合北庄隧道埋深及与左右线隧道平面位置关系,选择上表中 $R = 40$m 的最大装药量控制爆破,$Q \leqslant 7.85$kg 为标准设计控制爆破参数。

7.4.3　施工方法及技术措施

1. 制爆破方法及要求

根据北庄隧道穿过北庄村段左右线围岩的自身特点,制定具有针对性的控制爆破开挖方法。

2. Ⅴ级围岩作业流程

Ⅴ级围岩采用台阶分部法预留核心土开挖,施工顺序为:长管棚注浆预支护(超前注浆小导管)→上弧形导坑开挖→上弧形导坑初期支护→核心土开挖→下半断面拉中槽开挖→边墙初期支护→封闭仰拱。环形开挖进尺长度控制在1.0~1.2m。

3. Ⅳ级围岩作业流程

Ⅳ级围岩采用上下断面三台阶法施工,施工顺序为:上断面开挖→上断面初期支护→下断面开挖→边墙初期支护。上半断面采用控制爆破,开挖进尺长度为1.0~1.2m。

4. 控制爆破要求

(1)软弱围岩强支护、短进尺、弱爆破、快封闭、勤量测的施工原则。

(2)考虑到北庄隧道地处位置的独特性,保障地表居民及建筑物安全,该段无论Ⅴ级或Ⅳ级围岩均采用弱爆破技术。

(3)Ⅴ级围岩台阶分部开挖时,每循环进尺控制在0.5~1.0m,台阶长度2m,微振爆破要严格控制单孔炮眼最大装药量,控制短进尺。

(4)Ⅳ级围岩台阶分部法拉下断面中槽时,要留足两侧台阶,马口跳槽落地,马口长度不大于2m,并要及时完成初期支护。

(5)在开挖中为控制超欠挖数量,必须精确测量断面轮廓和布线,并严格控制每段雷管最大用药量。

(6)由于台阶分部开挖法虽然开挖面积较小及用药量较小,但是该方法需要多次开挖对围岩挠动较大,不利于围岩的稳定,施工过程中要严格对爆破开挖的时间、用药量进行控制。

7.4.4 控制爆破设计

为了实现安全、优质、快速掘进,在施工前根据隧道地质条件、开挖断面、开挖方法、掘进循环进尺、钻眼机具、爆破材料和出渣能力等因素制定切合实际的钻眼爆破措施,做到"岩变施工方法变",在北庄隧道穿北庄村段施工中,初步设计单次控制爆破进尺长度为1.2m。

这里,仍需强调说明的是,隧道微振动爆破时通常不对一次爆破的总药量进行控制,同时最主要是控制掏槽炮眼的爆破产生一次爆破中强度最大的振动。尽管它不是同时起爆最大一段药量,这时经常是周边眼为最大一响药量,计算和设计最大共同作用装药量则是隧道微振动爆破技术的重要环节。

1. 起爆方式及装药结构

根据围岩类别和爆破效果,施工时不断调整爆破参数,最大限度地控制超欠数量,使洞身爆破的平整度、炮眼保存率达到规范要求,力争取得最佳爆破效果,周边眼痕迹率依岩质不同应满足:硬岩≥80%,中硬岩≥70%,软岩≥50%。

(1)爆破方式:硬岩宜采用控制爆破,软岩宜采用预裂爆破,分部开挖可采用预留控制层控制爆破。

(2)局部开挖宜采用浅眼爆破,防止振动对支撑结构产生不良影响。

(3)采用半断面或台阶法开挖,眼深为1.0~3.0m的浅眼爆破时,单位耗药量可取0.4~0.8kg/m^3。

(4)采用台阶开挖时,应采用导爆管、毫秒雷管起爆周边眼,不得采用火花起爆。

2. 选择合理的起爆段间时差(雷管)

软弱围岩中爆破振动频率比较低,一般多在100Hz以下;振动持续时间大多为100~200ms。为避免段间振动叠加,段间隔时间一般应大于100ms。而不少在硬岩隧道工地的观测资料表明,这时爆破振动频率较高,通常仅几十赫兹。振动持续时间也较短,因而可以认为坚硬完整岩层中隧道爆破可以选用段间隔时间不小于50ms即可。

对于常用的25ms递增间隔的Ⅲ系列非电毫秒雷管,控制设计选择跳段使用,即采用1段、3段、5段、7段、9段、11段、13段、15段雷管,每段延时均不小于50ms,满足设计要求。

3. 掏槽形式的选定

从已有的隧道开挖爆破振动速度观测资料可以看出,一般情况下,掏槽爆破的地震动强度比其他部位炮眼爆破时的都要大。因此,从减小掏槽爆破的地震动强度出发,选用楔形掏槽,布置在隧道底部。本控制爆破方案中采用多重复式楔形掏槽,以最大限度使掏槽区炮眼最大共同用装药量减少,降低振动强度,而且也有利于取得最佳的掏槽效果。

4. 确定整个爆破设计

北庄隧道控制爆破设计本着短进、弱爆、控制用药量、减少振动为原则,按照浅密原则布置,即一次爆破深度(规模)不宜太大。炸药尽可能均匀地分布在布置较密的炮眼中,这样可避免装药过于集中。周边炮眼应按预裂爆破设计，必要时应在两装药孔间加打空眼以减振。周边眼还应采用小直径药卷不耦合装药或串状间隔装药结构。在条件允许时，也采用预留控制层控制爆破技术。

但是，如果周边眼进行预裂爆破，则进行预裂的周边眼将成为产生最大振动速度的同段起爆药量最大的炮眼。这时，应用前述方法计算出允许最大段药量 Q_m，必要时预裂的周边炮眼分几次起爆，预裂有利于主体爆破减震。

所有的炮眼均应在炮眼口堵塞至少不少于 20cm 长的炮泥。

5. 炮眼布置

(1)掏槽眼的布置：掏槽炮眼布置在开挖断面的中央稍靠下部，以使底部岩石破碎，减少飞石。

(2)周边眼的布置：周边眼沿设计开挖轮廓线布置，为控制超欠挖和方便下次钻眼落钻、开眼，将炮眼方向以 3% 的斜率外插。

(3)辅助眼的布置：辅助眼交错均匀地布置在周边眼与掏槽眼之间，并垂直于开挖面打眼，力求爆下的石渣块体大小适应装渣的要求。

(4)开挖断面底面两隅处，合理布置辅助眼，适当增加药量，消除爆破死角。断面顶部应控制药量，防止出现超挖。

(5)用楔形斜眼掏槽。

(6)斜眼掏槽的炮眼方向，在岩层层理或节理发育时，不得与其平行，应呈一定角度并尽量与其垂直。

(7)周边炮眼与辅助炮眼的眼底应在同一垂直面上，保证开挖面平整。但掏槽炮眼要比辅助炮眼眼底深 10cm。

6. 控制爆破作业

(1)控制爆破施工工艺要点如下：

①放线布眼：钻眼前测量人员采用全站仪由该里程桩线路设计线坐标推算出隧道中心线坐标，放出隧道中线，用红油漆准确绘出掌子面的中线和轮廓线，标出炮眼位置，其误差不超过 5cm，并结合岩质情况适时考虑开挖预留变形量，Ⅴ级围岩 12cm，Ⅳ级围岩 7cm。

②定位开眼：风枪钻杆与隧道轴线保持平行，按钻眼布置图正确钻眼，对于掏槽眼和周边眼的钻眼精度要求比其他眼要准确。开眼误差要控制在 3 ~ 5cm 以内，掏槽眼比设计每循环进尺加深 20 ~ 30cm。

③钻眼：由具有丰富经验的风枪手司钻，尽可能使两炮交界处台阶小于 3cm。同时根据眼口处岩石的凹凸程度调整炮眼深度，以保证炮眼底在同一平面上。

④清孔：装药前用钢筋弯制的炮钩将炮眼中石屑钩出，再用小直径高压风管输入高压风将炮眼中石屑吹净。

⑤装药：根据炮眼设计图确定的装药量自上而下进行装药，雷管段别准确，所有炮眼均以炮泥堵塞，堵塞长度不小于 20cm。

⑥联结起爆网络：起爆网络为复式网路，以保证起爆的可靠性和准确性，联结时注意导爆管不能打结和拉细，各炮眼雷管连接数相同，引爆雷管用黑胶带包扎在导爆管自由端 10cm 以上。网络连接好后专人责任检查。

(2)控制爆破钻孔技术及要求如下:

①严密组织。

控制爆破钻孔时,统一指挥协调行动,实行“定人、定位、定质、定量”的四定岗位责任制。分区按顺序钻孔,避免互相干扰,碰撞、拥挤和窝工。周边眼钻孔要配经验丰富的风枪手,以提高钻孔质量,提高爆破效果。

②钻孔方法步骤:

a. 准备:开工前准备工作做到“四查”,即:查风枪钻机及钻臂的运转及油管部件;查风水电及管路连接部位是否牢固;查钻头钻杆等配件是否齐备;查消耗较多的器材是否足量。

b. 定位:先由技术人员在掌子面划出各炮眼位置及在隧道掌子面划出中线十字线,风枪班将钻孔范围定下来,并将钻孔先后次序分配明确。

c. 开孔:开孔时慢慢钻进,保证周边眼钻进的方向与隧道中线夹角符合设计外插角。

d. 拔杆:在整体性好的石质段可中速拔出,如遇破碎岩石卡杆时应慢慢来回推进将其拔出,如拔不出,在靠近钻孔处重新打眼,使之拔出。

e. 位移:钻好一个炮孔进行第二个炮孔钻进时,要做到“准、直、平、齐”。准:按周边孔参数要求选准孔位;直:侧墙孔孔口开在同一垂线上,孔底落在同一垂面上;平:各炮眼相互平等(孔口和孔底距离相等);齐:孔底落在同一平面上,使爆出的断面整齐,便于下一次循环作业。

③保证钻孔质量措施:

a. 找准中线及隧道起拱线,标出孔位。

b. 钻正顶孔。

c. 预量出各钻杆长度并做好标记,保证孔深符合设计深度。

d. 作业中做到“七快”、“四勤”、“四不钻”。

钻孔作业中做到“七快”,即:拉风管快、安钻快、开钻快、换钻杆快、移动钻杆快、交换位置快、排除故障快;“四勤”即:保养钻机勤、维修风、水、电路勤、检查钻孔质量勤、检查险情勤;“四不钻”即:不钻残孔、不钻石缝、不钻软夹层、不钻破碎层。只有这样才能有效提高钻孔速度和质量。

(3)控制爆破安全措施要求如下:

①爆破器材的管理:爆破材料的运输、储存、加工、现场装药、联线、起爆和瞎炮处理,必须符合有关规定。

②爆破时的防护:进行爆破时,人员、设备撤离至受爆破影响范围之外,一般距爆破工作面的距离不少于200m。当开挖面与衬砌面并行作业时,根据混凝土强度、围岩特性及爆破规模等因素确定其距离,一般不宜小于30m。

③瞎炮的处理:发现瞎炮后,应首先查明原因,如果是孔外的导爆管损坏引起的瞎炮,则切去损坏部分重新连接导爆管即可,但此时的接头应尽量靠近炮眼。有另外的原因,平行于该眼相距30cm钻眼,装药后引爆拆除该瞎炮,严禁用镐刨或高压风吹炮,并要仔细收集未爆的药卷。

④装渣运输:为提高装渣速度,减少污染,每个洞口选用1台挖掘机装渣,2台侧卸装载机配合。采用无轨式(自卸车)运输出渣。

(4)控制爆破参数

对于穿过北庄村段所使用参数如表7-4-2和表7-4-3。

控制爆破参数　　表7-4-2

岩石种类	饱和单轴抗压极限强度 R_b（MPa）	装药不耦合系数	周边间距 E（cm）	周边眼最小抵抗线 V（cm）	相对距离 E/V	周边眼装药集中度 q（kg/m）
硬岩	>60	1.24～1.50	54～70	70～85	0.5～0.8	0.60～0.90
中硬岩	>30～60	1.4～2.0	44～60	60～75	0.8～1.0	0.30～0.60
软岩	≤30	2.0～2.5	30～50	40～60	0.4～0.8	0.14－0.3

使用炸药性能　　表7-4-3

炸药名称	药卷规格			药卷性能					
	直径（mm）	长度（mm）	质量（g）	密度（g/m^3）	爆速（m/s）	猛度（mm）	爆力（ml）	殉爆（cm）	保存期（月）
二号岩石硝铵炸药	35	165	150	0.95	3 050	12	320	7	6
RJ－2号乳胶炸药	32	200	190	1.2	3 600	12	340	9	6

7.4.5　安全保证措施

(1)明洞开挖必须做好开挖临时边仰坡的防护工作，清除洞口上方坡体的危岩和滚石，确保洞口施工时机械、人员的安全。

(2)现场附近设置安全警示标志，并设专职安全员负责石方施工安全，石方爆破做好警戒、防护工程，保证无人员、机械等安全事故发生。

(3)施工人员进入施工现场必须配戴安全帽，必要时配戴安全带，设防护网等安全设施。

(4)非施工人员严禁进入施工现场。

(5)爆破前，必须有明显的警笛，使施工现场周围的人员、机械、牛羊等撤离到安全线以外方可点炮，放炮完毕后，等安全员在现场确认安全，可以消除警戒，施工人员方可进入现场进行下一道工序作业。

(6)爆破后，要做好火工品剩余量的清理工作，防止出现火工品丢失现象的发生。

(7)全员要做好火工品的使用，消耗工作，剩余火工品要及时返库，严禁发生火工品丢失或流放到施工场地以外。

(8)爆破作业必须遵守《中华人民共和国民用爆破物品管理条例》、《爆破安全规程》(GB 6722—2011)的规定。

(9)爆破器材的管理：爆破材料的运输、储存、加工、现场装药、连线、起爆和瞎炮处理，严格按照《爆破安全规程》(GB 6722—2011)中的有关规定，建立严格的管理制度，接受当地公安部门的指导，火工品做到专人专管、专人领取和专人登记的制度。

(10)爆破后必须经过30min通风排烟，检查人员方可进入作业面，检查有无“盲炮”，即可疑现象；有无残余炸药或雷管；顶板两；边有无松动石块；支护有损坏或变形。在妥善处理并确认无误后，其他工作人员方可进入作业面。当发现盲炮时由原爆破人员按规定处理。

7.4.6 隧道安全应急预案

1. 洞口失稳紧急预案

为了进一步加强施工管理，搞好安全生产，不断提高项目部施工现场管理水平，预防洞口失稳事故和对洞口失稳事故的救援，特制定本应急预案。

(1)施工现场必须配备足够的机械、物资设备，各类应急器材应设专人保管，定期检查，作好标识，防止失效。

(2)应急设备准备：铁锹 60 把，喷锚机 2 台、注浆机 2 台、挖掘机 1 台、装载机 2 台、自卸车 5 台、钢筋切断机 2 台、搅拌机 1 台、发电机 1 台等。

(3)有人发现洞口裂缝或有洞口失稳情况可能后应立即报告组长和安全员。

(4)应急处理：

现场发现明洞边仰坡发生裂缝等现象，如裂缝较小且观察量测无变化，则采取锚、喷、网的加固处理方案，必要时候可采取实用 $\phi50$ 中空锚杆进行注水泥净浆加固处理，并加强洞顶截水边沟的防护施工，防止雨水浸泡边坡造成裂缝扩大。如果裂缝出现扩大且无法控制现象，由项目组织机械设备机械边坡不稳定部位卸载，加大边坡坡比，并重新对开挖面进行锚、喷、网支护处理。必要时加设抗滑桩。

洞口失稳造成大滑坡后组长负责现场总指挥，进行现场自救工作。迅速撤出现场施工人员、机械设备。组织人员、机械物资进行现场抢救，如果出现人员伤亡，立即组织机械设备由现场安全员负责打电话“120”通知急救中心，报告事故的地点、伤害的程度、受伤人员的状态、联系人电话，并上报项目公司。

伤者救出后，视情节的轻重，立即进行自救，对受伤人员进行人工呼吸抢救，做人工呼吸作用不明显时，现场其他人员帮忙用胸外挤压法进行抢救，由安全员翁祖禄负责接急救车。

2. 大变形紧急预案

隧道左线进口浅埋段偏压较为严重，容易出现隧道内支护断面大变形，对此拟出现大变形后紧急处置预案。

(1)有人发现某一断面的拱顶出现裂缝、拱顶持续下沉或突发沉降量较大等现象后应立即报告安质负责人组织立即通知洞内作业人员、机械撤出洞外至安全地点，在洞外设置警戒，严禁闲杂人员入洞。并组织组织技术部门进行现场观测、评估隧道大变形有无引发塌方可能性。如有大变形可能应立即上报安全组长，并上报项目公司及设计代表。

(2)应急设备准备：铁锹 60 把，喷锚机 2 台、注浆机 2 台、挖掘机 1 台、装载机 2 台、自卸车 5 台、钢筋切断机 2 台、搅拌机 1 台、发电机 1 台等。

(3)应急处理。

发现大变形后暂停洞内施工，在隧道内拱顶无沉降地段进行超前支护处理，尽量减小变形沉降量，并采用轻型轨道钢或工字钢隧洞顶弧线上，并用圆木支撑固定，等待设计方案后进行处理。

3. 塌方紧急预案

隧道围岩较差，拱顶覆盖层厚度相对较薄，易引发隧道塌方现象。拟隧道塌方后所应采取紧急预案。

(1)隧道中部塌方(塌方位置远离掌子面)：

有人发现隧道中部发生塌方后立即报告组长和安全员。组长负责现场总指挥，进行现场自救工作，迅速由人行横洞、车行横洞撤出现场施工人员、清点有无人员伤亡情况，并组织人员、机械物资进行现场抢救。组织机械进行对塌方段进行排险处理，并采用喷射混凝土方法进行封闭岩面进行。按照塌方断面预制钢拱桁架，用千斤顶进一步调整工字钢高度，使钢拱桁架的顶在塌方断面上，钢拱架下采用工字钢临时支持并喷射混凝土加固，在临时支护结构的保护下，边挖边撑，将隧洞设计开挖线内的塌渣逐段清除，并进行临时仰拱及衬砌施工。

如果出现人员伤亡，由现场安全员负责打电话“120”通知急救中心，报告事故的地点、伤害的程度、受伤人员的状态、联系人电话，并上报项目公司。

在隧道内没有人行横洞及车行横洞的情况下，立即采用地质超前探测设备进行钻孔向被困内部输送氧气、药品及生存用品，并喊话确认被困人员状况，有无伤亡情况。及时采用上述开挖支护方式进行开挖抢救被困人员并拨打“120”通知紧急救护中心。

(2)隧道掌子面塌方：

首先确认有无人员伤亡，如有伤亡及时通知紧急救护中心。由组长负责现场总指挥，进行现场自救工作，并组织人员、机械物资进行现场抢救，组织机械进行对塌方段进行排险处理，并采用喷射混凝土方法进行封闭岩面。按照隧道中部塌方方法进行处理，采用机械配合人工方法清理塌方虚渣，抢救被埋困人员，通知相关部门领导组织专业搜救队伍进行支援，并通知急救中心现场待命。任何解救出的施工人员立即送往救治。

8 隧道爆破震动的测试技术

炸药在岩石中爆破时释放出巨大的能量,这种能量以强大的冲击波和爆轰气体产物的形式作用于岩石,使药包周围的岩石受到破坏。据估计,用于破碎岩石的能量约占炸药爆破释放总能量的10% ~15%,松动爆破时有用功的能量最大,但也不超过25%,大部分能量都消耗在岩石的粉碎,岩石质点振动引起的地震波和空气振动引起的冲击波等。上述过程不仅消耗了大量有用功,而且还对人员、建筑物(构造物)、设备产生有害作用即“地震效应”现象。因此,为了消除爆破的危害和保证安全生产,对爆破作用进行系统地观测就成为十分重要的工作。

8.1 观测目的

随着国民经济建设的快速发展,爆破技术在工程建设中发挥着越来越重要的作用,它不但加快了工程建设的速度,而且节省了建造成本,技术与经济效果明显。一般地,由于爆破引起的振动现象被称为爆破地震,常见的爆破地震有以下特征:

(1)幅值高,衰减快。在大爆破的近区测得的加速度高达25.3g,但爆破震动衰减很快,破坏区范围很小。

(2)震动频率高,爆破地震动的加速度主频率大都在10 ~30 周/s。有的高达5 周/s。与普通工程结构的自振频率相比要高很多。

(3)持续时间短,爆破地震的主震段持续时间一般不超过0.5s,短的小于0.1s。

由爆破地震的特点可以清楚地看到,爆破工程中常因振动造成结构损伤、变形与失稳、围岩开裂和滑坡等事故。爆破产生的地震效应对周边建筑的承载能力及其安全性有着极大的影响,房屋结构在爆破地震波作用下的安全度是工程爆破界亟待解决的一个关键问题。

为了有效地预测、控制爆破地震,对爆破振动进行准确的测试是关键的一步。虽然规程对不同类型的房屋结构制定了安全标准,但由于房屋个体的差异,爆破地震波在不同场地条件下的传播性质不同,因此有必要对爆破作用下房屋的振速进行实时监测以及对特定场地下的爆破振动数据进行采集分析,提出合该场地区房屋的爆破振动速度传播公式。

通过爆破振动测试,可以分析和掌握爆破地震波的特征、传播规律以及对建筑物的影响、破坏机理等,以防止和减少对建筑物的破坏,从而最有效地控制爆破地震波的危害。也可以确定回归预报参数,改善爆破震动预测模型,根据监测结果及时调整爆破参数和施工方法,指导爆破安全作业,从而有效地控制爆破地震效应,同时给予因爆破引起的民事纠纷以科学的判断依据。

通过对爆破地震波的测试,可直接为爆破工程设计和更改提供服务。爆破地震波测试的实质是测量爆破振动下介质质点振动规律。实际上只需要测量到爆破地震动时介质质点的振动位移、速度和加速度的时间历程曲线(通常称之为震动波形图),通过对波形图的分析、计算就可得到表征爆破地震波特性的基本参量,如幅值、持续时间、振动主频率(或周期)以及地震波的频谱等。

应该指出,用质点的振动速度或加速度来衡量建筑物的振动效应,不能反映结构的真实受力状态和特性,也无法揭示建筑物破坏的机理。对同一类型结构,即使在同一爆破地震波的作用下,其效应也可能是不相同的,有时,甚至相差很大,结构固有特性的差异就是其主要原因之一。当结构本身的固有频率与爆破地震波的主频率一致或相近时,结构将产生剧烈的振动。因此,用爆破地震波物理量衡量爆破地震波对建筑物的振动效应只能是一个粗略的估计。

8.2 爆破震动作用的监测

如果想要了解和有效的控制爆破震动对周边建筑物的危害,就需要对每次爆破时产生的震动进行准确的监测。然后,通过爆破震动测试,分析和掌握爆破地震波的特征、传播规律以及对周边建筑物的影响和建筑物破坏机理等,确定回归预报参数,改善爆破震动预测模型。根据监测结果及时调整爆破参数和施工方法,以指导爆破安全作业,从而有效地控制爆破地震效应,同时分析结果可以作为因爆破震动而引起的民事纠纷的科学判断依据,减少不必要的经济损失。测试主要包括以下两个方面的内容:

(1)研究爆破过程中地震波的衰减规律,地质构造、地形条件对爆破地震波的影响,以及震动波参数与爆破方法的关系。

(2)研究建筑物对爆破震动的响应特征,以及爆破震动响应特征与爆破方式、建筑物结构特点的关系。

8.2.1 地震效应的宏观调查

宏观调查就是爆破前后在爆破区以内和仪器观测点附近选择有代表性的建筑物、矿山巷道、井口构筑物、岩体裂缝、断层、滑坡、个别孤石以及专门设置的某些器物来进行观测描述和记录,以对比的方法了解爆破后地震破坏情况。调查的内容应该包括:

(1)宏观调查的位置和名称。

(2)地质地形以及岩石构造情况、对于裂缝的观测应反映出裂缝方向、倾角、深度、长度等。对于断层、滑坡移动则应系统地观测地形地位的变化。

(3)建筑物的特征和破坏情况。

(4)井下巷道及构筑物的特征和破坏情况。

(5)所设置的某些器物移动情况。例如观察在墙根、巷道边设置的铁棍、木杆等爆破后是否倒地。

(6)必要时在距离爆源一定距离处放置一些动物,以观测其爆破后的生理变化,为确定安全距离提供必要的资料。

地震现象比较复杂,涉及范围很广,然而一次爆破的宏观调查不一定样样齐全,一般可结合研究任务的特点,重点选择一部分项目有计划地进行。

描述、记录的方法可用文字叙述、素描、照相、录像等。

8.2.2 测试内容

在宏观调查的基础上,为了有效地了解和控制爆破震动对隧道周边建(构)筑物的危害,对每次大爆破振动进行准确的测试是关键的一步,通过爆破震动测试,可以分析和掌握爆破地震波的特征、传播规律以及对周边建筑物的影响和破坏机理等,确定回归预报参数,改善爆破振动预测模型,根据测量结果及时调整爆破参数和施工方法,指导爆破安全作业,从而有效地控制爆破地震效应,同时给予因爆破振动引起的民事纠纷以科学的判断依据。

怎样正确地认识爆破地震强度及相关影响因素,利用爆破测试技术,对爆区附近被保护建筑物进行爆破振动测试,并通过采取各种控制爆破振动措施来控制爆破规模及危害,以选择最佳爆破方案来保证建筑物的安全,显得非常重要。

《爆破安全规程》(GB 6722—2011)第8.2、8.3条明文规定:“一般建筑物和构筑物的爆破地震安全性应满足安全振动速度的要求”,“在特殊建(构)筑物附近或爆破条件复杂地区进行爆破时,必须进行必要的爆破地震效应的监测和专门试验,以确保被保护物的安全性”。爆破地震效应的测试工作,已在工程中广泛开展,测试系统和测试技术将成为爆破专业队伍的生存手段。当前,国内外测试技术的主要应用范畴是:

(1)通过小型爆破试验进行测振,以了解爆破地震波的时程曲线特征,然后利用数模或经验公式,计算拟采用爆破方案的地震效应,预报爆破地震强度及评价建筑物的安全,进而对爆破方案进行修改、限制和优化。

(2)在扩建、改造工程中,对爆区附近建筑物和正在运行的设备基础进行地震监测,以控制一次爆破规模。在工期较小的爆破工程中,使某些特定位置的地震强度受到监控,以保证建筑物和运行设备的安全。

(3)在实施爆破工程时,对特殊建筑物、可能引起民事纠纷的地段或建筑物进行地震监测,为工程验收和可能发生的司法程序提供依据。

(4)在建筑物上进行测振,研究建筑物对爆破地震的反应谱,为计算建筑物受力状态提供荷载条件。

爆破测试主要包括两个方面的内容:一方面是研究爆破过程地震波的衰减规律,地质构造及地形条件对它的影响,地震波参数和爆破方式的关系;另一方面是研究建(构)筑物对于爆破振动的响应特征,以及这一响应特征和爆破方式、构筑物结构特点的关系。就具体内容而言,爆破振动测试的内容包括:地表质点振动速度、振动位移、振动加速度测试、结构和建筑物的反应谱测试。

针对爆破测试的主要两个方面,爆破地震效应的观测有宏观调查和仪器观测两种方法。一般来说,这两种方法结合使用效果较好。

8.2.3 测点布置

在爆破振动测试中,测点布置尤为重要,它将直接影响测试的效果及观测数据的应用价值,测点主要是依据测试目的和要求进行布置。比如想要研究爆破地震波的传播规律,通常沿爆源中心的径向或环向布置一条或几条测线;对某一具体的爆破施工,仅在相应的需要保护的建筑物附近地面布设测点即可;当需了解不同地形、地物对爆破地震的响应情况时,应将测点布设在其附近。总之,测点的布设应掌握三条原则:

(1)由于爆破地震效应在爆源的不同方位有明显的差异,其最大值一般在爆破自由面后侧且垂直于炮心的连线方向上,因此应沿此方向来布设测点。

(2)由于爆破振动的强度随距离的增加呈指数规律衰减,测点间距应该是近密远疏,最好按对数坐标来确定测点距离。

(3)为了保障振动强度衰减公式的拟合精度,测点数不宜过少,最好要保证有8个以上的测点,最少不得少于6个。为了确保工程爆破振动安全,必须针对具体的爆破场地进行现场爆破振动测试,以求得该场区真实可靠的K、α值,并利用爆破振动速度公式和《爆破安全规程》(GB 6722—2011)中规定的建(构)筑物地面质点的安全振动速度值来控制微差爆破单响药量。

8.3 爆破震动作用的检测仪器

8.3.1 爆破震动测量仪器概述

要完整地描述一个测点在空间的运动状态,原则上应该同时测量测点的位移、速度和加速度的三个正交分量随时间变化的过程。从研究爆破的地震效应及其对建筑物遭受损坏的角度出发,往往只需要测定其中一个或两个分量。在三个物理量中,若测得其中的任意一个就可以通过微分或积分的方法算得其他两个,但是在数值换算中会引进一定的误差,其误差的大小取决于原始记录曲线反映测点运动的真实程度。

任何一类振动测量仪器,只能在一定额率范围内使用。针对爆破振动观测特点和目前的技术水平对仪器提出下列要求:

(1)仪器必须坚固,抗震,使用方便;同时要求体积小,质量轻,适宜于野外流动观测。

(2)一般工业爆破振动观测的各种物理量的幅值和频率范围,应合表8-3-1。

各物理量的测量范围 表8-3-1

物理量	幅值范围	频率范围
位移(mm)	0.005~10	1~20Hz
速度(cm/s)	0.5~50	1~50Hz
加速度(g)	0.25~5	1~100Hz

一般的振动测量仪器多数是测定微小振动时的位移、速度和加速度的幅值和频率,因此都有放大装置。而在爆破地震效应的观测中,最感兴趣的是爆破破坏区域,那里地面运动的幅值较大,振动信号就不需要放大,可以直接记录。在离爆心很近的测点处,振动十分强烈,振动信号需作适当的衰减,以获得理想的地震记录图。

日前常用的爆破动测量仪器应用的是非电量电测法的原理,它是由拾振器和记录仪器组成,测量示意图如图8-3-1所示。

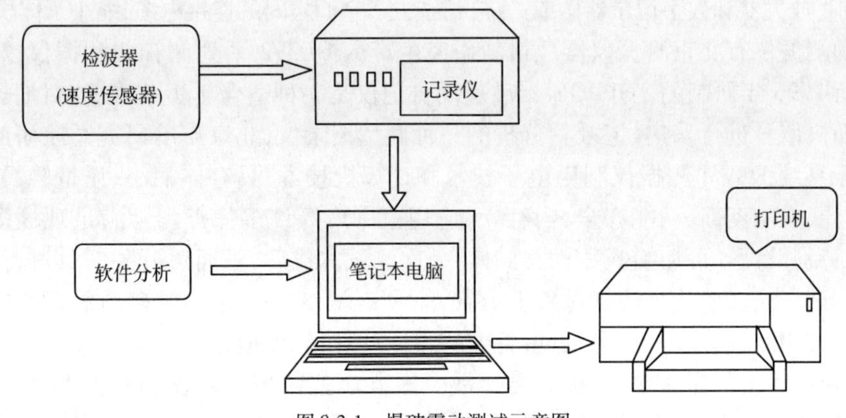

图 8-3-1 爆破震动测试示意图

(1)拾振器

拾振器又称为传感器或检波器,按原理可分为应变型、磁电型动圈式、压电晶体型、电感型和电容型等,按其记录的物理值不同又可进一步分为位移摆、速度摆和加速度摆拾振器。它的作用是拾取地面的振动,并将这机械运动按一定比例不失真地转换成电信号输入到记录仪器中。为了完整地反映物体在空间的运动状态,通常一个测点需要若个拾振器,一个测量竖向运动、两个测量互相垂直的水平方向运动。

(2)记录仪

观测爆破振动时,观测点地震动的频率和振幅随时间变化的过程经拾振器检波后,需要记录下来,记下这种地震动状态的仪器,称为记录仪。

为了确保测量的精度,仪器在使用前后必须进行标定,标定内容包括仪器的灵敏度和频率响应。灵敏度是拾震器输出电量与输入机械量的比值,对于位移、速度或加速度拾震器,灵敏度的量纲分别为 mV/mm,$mV/mm \cdot s^{-1}$,$mV/mm \cdot s^{-2}$;频率响应是拾震器灵敏度随频率变化的特征。

8.3.2 主要检测仪器简介

现在,世界各国用于中强地震观测的仪器,大多数是直接光记录和直接机械记录的三分量强震仪,并以测量地震动加速度为主。由于仪器的研制只要是为地震工程科学研究和结构抗震设计服务的,所以它的设计测量频率范围比较低,记录纸的走纸速度在 2.5 ~ 20mm/s,仪器灵敏度也是固定的。测量地面运动加速度最大值时为 1g。这些仪器若用于爆破地震动观测还需作一些改进,才能满足爆破地震动幅值大、频率高的要求。现在常用的测震仪器有拾振器、测震放大器和测振仪。

拾振器的种类有很多,在爆破震动测试中最为广泛使用的是磁电式速度传感器和压电式加速度计,它们都属于惯性式(绝对式)测振仪,用来测量地面或振动建筑物的绝对振动,即以惯性元件作为参考点。在爆破震动测试中常采用的磁电式速度传感器有 CD 型传感器、891 型拾振器和 65 型拾振器等,这些都属于惯性式测振仪。

测振放大器是将测振传感器输出的微弱的电信号放大的装置,放大后再输入到显示器和记录装置中,测振放大器不仅对信号有放大作用,还有对信号进行微积分和滤波的功能。目前,常用的测振仪均将放大器和数字记录器做成一体机，省去了它们之间的连接电缆，缩小了体积。

我国的测振仪有北京测振仪器厂最新研究生产的 DD392 系列储存式测振仪；成都拓普电子研究所 1996 年研制的 TOPBOX 爆破震动自记仪是一种适合于爆破现场，对地震波及各种瞬态的随机信号进行采集、记录和分析的一种微型记录仪；北京矿冶研究总院研制生产的新一代测振系统 DSVM 测振仪利用电子技术和计算机技术，具有体积小、质量轻、自动程度高、使用方便、灵敏度高、功能齐全、内存大、应用范围广等许多优点。为满足现场多次测试的需要，还特别设计了可切换式数据存储体，一次测试完成后，可通过开关对其进行切换，以进行下次测试。这就使整个测试过程非常简单，所有测试完成后将所存的数据通过仪器所带的绘图仪打印波形并分析结果，也可将数据带回处理，极大地方便了用户。

目前，使用较多的爆破震动测震仪器是中国科学院四川动态测试研究所研制开发的 IDTS3850 爆破震动仪。IDTS 震动记录仪是主要用于对地震波、机械震动和各种冲击波信号进行记录、数据分析、结果输出、显示打印、数据存储而设计的便携带式仪器。

IDTS3850 爆破震动仪体积小，便于携带，单键操作，快速使用，简单方便；采用防冲击金属盒设计，直接与传感器相连，现场无需布线，可以即装即用；可以使用 4 节 5 号电池供电，能连续工作 30h 以上，内部备用电池能够确保记录长期安全存储；分辨率高，最小分辨率可达到 0.0016cm/s，读数精度能达到 0.5%，能够有效监测远离爆破源的震动信号；信号存储分为八段，能够自动记录八次爆破波形，也可以将八段组合为一段来使用；多震动事件自动触发记录，内置时钟，能够记录震动发生时刻；触发电平为满量程 1% ~99% 的触发值设置，最小震动触发信号为 0.026cm/s，能够确保事件捕捉万无一失；三维震动同步记录，三矢量合成分析，使用萨道夫斯基公式回归和安全判断分析；多种爆破参数设置和震动信号分析，快速打印测试报告；新添加仪器与传感器连接状态的测试功能，以确保传感器连接的可靠性；串口通信速度为 56kb/s，通过软件就能够实现仪器参数设置。

采用 IDTS3850 爆破震动记录仪，只需要将传感器放置于震动测试点，仪器可以放置在较远的安全地区，爆破后用 RS232 数据线将记录仪与计算机相连，便可读出整个爆破过程的震动信号，并对其进行分析处理后给出测试报告。

8.4 爆破震动强度物理量和破坏判据的衡量

8.4.1 衡量爆破震动强度的物理量

8.4.1.1 *爆破地震波的三要素*

由爆破产生的地震波在传播过程中会引起周围介质质点的振动。一般来说，表示介质质点震动的物理参量有震幅（强度）、频率（波形）和震动时间，通过这些物理量可以来衡量爆破地震效应。

1. 震幅

地震波的震幅包括位移、速度和加速度的震幅，即爆破地震动的位移、速度和加速度的峰值，这些参量表示爆破地震动的强度。在一个完整的爆破地震波形中，爆破地震动的位移、速度和加速度的幅值随着时间的变化而变化。由于主振相的振幅大、作用时间长，因此主震相中的最大震幅是表征地震波的主要参数，是震动强度的标志。

2. 频率

最大振幅相邻的两个波峰或者波谷之间的时间的倒数为地震波的主频率f,次频率为该振动波形中占优势的主要频率。由于爆破地震为一频域极宽的随机信号并具有瞬态振动的特征,用频谱分析法得出的频谱可描述其频率特征。

3. 震动持续时间

爆破地震波的持续时间是指测点振动从开始到全部停止的时间,可用它表征振动衰减的快慢。由于记录到的测点振动的持续时间与测试仪器的灵敏度有关,对于同一个测点使用的仪器的灵敏度不同,则振动持续时间不同。

爆破引起的地面质点的振动规律及这种振动的强度对建筑物的影响是爆破地震效应研究成果的主要方面。因此,所测的物理量既能反映爆破炸药量、爆心距的影响,又能很好地表征建筑物或构筑物的破坏程度和特征,也能较好的表征爆破地震震害特征。究竟哪一种物理量最能反映这些因素,目前看法不一致。国内外多数人认为,选择振动速度作为衡量标准比较合适。因为爆破时的炸药量,观测点至爆源的距离和最小抵抗线对爆破震动有很大影响。含水的松软土上位移和周期最大,坚硬岩石则较小。由于岩土的性质很难精确估计,在考虑计算方法时,最好能消除岩土性质的影响。大量观测表明,当炸药量、观测点至爆源的距离和最小抵抗线相同时,振动速度的变化范围较小。据此,可以认为振动速度与岩土性质关系不大。这样,可以采用质点的振动速度作为衡量和描述振动强度的标准。

8.4.1.2　爆破振动物理量的计算

国内外大量研究结果表明,质点振动速度与炸药量正比例关系而与观测点至爆源距离成反比例关系。虽然各个国家由于试验条件不一样,所得的公式不完全相同,然而总的趋势却是一致的。

当爆破作用指数 $n=1$ 时,我国的质点振动速度公式为:

$$v = k\ (Q^m/R)^{\alpha} \tag{8-4-1}$$

式中:v——质点振动速度(cm·s);

Q——炸药量,齐发爆破为总药量,延时爆破为最大一段药量(kg);

R——质点到爆心的距离(m);

m——装药指数,井下装药采用 1/3;

k——与爆破场地有关的系数;

α——与地质条件有关的指数。

根据我国的部分观测资料,K 值变化介于 21 ~ 804,α 值介于 0.88 ~ 2.8。表 8-4-1 列出了部分工程的实测资料。

根据公式(8-4-1),每一次测定时,均可按上述方法计算出一个速度 v。在质点振动速度公式中,Q、R 和 v 是已知量,K 和 α 是待求量,为简化计算,将上式变为线性方程,两边取对数:

$$\lg v = \lg K + \alpha \lg\left(\frac{Q^m}{R}\right) \tag{8-4-2}$$

令 $y=\lg v, b=\lg K, \alpha=a, x=\lg\left(\dfrac{Q^{\mathrm{m}}}{R}\right)$

K、α 实测值 表8-4-1

爆破类型	矿山名称	爆破条件和方法	K值	α值
露天大爆破	德兴铜矿	千枚岩,20t 炸药加强松动爆破	158	1.93
		千枚岩,534t 炸药加强松动爆破	82.5	1.32
	峨口铁矿	铁矿和云母石英片岩中 111 ~ 178t 炸药加强松动爆破和松动爆破	152.7	1.56
	铜山口铜矿	白云岩和花岗岩中 217t 炸药松动爆破	21.3	0.88
地下深孔爆破	铜管山铜矿	铜矿矿柱中 200t 炸药地下深孔爆破	77.6	2.33
	红透山铜矿	片麻岩中 45.9t,六段延时地下深孔爆破,624t	116.2	1.73
	大吉山钨矿	钨矿石英脉中 103t 地下深孔爆破	624	2.41
隧道爆破	普济隧道(日本)	砂质泥岩,开挖断面 $50m^2$,眼深 1.8m,其中: 普通爆破 光面爆破 预裂爆破	 191.1 370.5 101.2	 1.89 2.11 1.46

$$y = b + ax \tag{8-4-3}$$

根据最小二乘法得出:

$$\alpha = \frac{\sum x \cdot \sum y - n \cdot \sum x \cdot y}{(\sum x)^2 - n \cdot \sum x^2} \tag{8-4-4}$$

$$K = \lg^{-1}\left[\frac{1}{n}(\sum y - \alpha \sum x)\right] \tag{8-4-5}$$

式中:n——测点数。

同理,在测量其他物理量(加速度、位移)时,也要预算相应的物理量,计算衰减或放大系数,按波形图上的最大振幅,计算出实测的物理量来。

8.4.2 破坏判据的确定

当决定了衡量爆破震动强度的物理量以后,就要分别确定它们的临界值,作为评价震动破坏能力的尺度。超过此临界值,建筑物、构筑物或岩体就要遭受破坏。常用速度和加速度的临界值统称为破坏判据。

1. 临界速度

临界速度分为建筑物的临界速度和岩体的临界速度。对于建筑物的临界速度,美国矿业局建议采取 5cm/s。当质点振动速度大于 5cm/s 时,建筑物抹灰墙的抹灰脱落或者出现裂缝。对于岩体的临界速度,瑞典的兰基福斯认为:

$v = 30.48$cm/s,岩石崩落;

$v = 60.96$cm/s,岩石破碎。

总结国内资料,质点垂直震动速度在 $v = 15$cm/s 以下,矿井的巷道不会发生破坏,只有浮石被震落,在完整坚硬的岩石中更无破坏迹象。对于不稳定的岩石,当垂直振速 $v >$ 25cm/s 时,便产生塌方、节理张开、出现错位和裂缝;而对于稳定的岩石则在垂直振速大于 40 ~ 50cm/s 才出现中等破坏现象。一般巷道的临界速度如下:

岩石稳定的巷道：$v_{\perp} \leqslant 40\text{cm/s}$；

中等稳定的巷道：$v_{\perp} \leqslant 30\text{cm/s}$；

不稳定岩石但有良好支护的巷道：$v_{\perp} \leqslant 20\text{cm/s}$。

2. 临界加速度

中国科学院工程力学研究所根据对爆区附近的观测得知，土坯房和砖石房屋达到破坏的地面加速度最大值为 $1g$。

在评价爆破震动对建筑物、构筑物的危害时，除用位移、速度、加速度外，还应该考虑振动持续时间，振动频率与建筑物、构筑物固有频率之间的关系。

8.4.3 《爆破安全规程》(GB 6722—2003)震动安全允许标准

根据我国的实践情况，在深入调查研究的基础上，在充分吸收世界各国安全标准的优点后，制定了我国新的国家标准《爆破安全规程》(GB 6722—2011)，以替代旧的《爆破安全规程》(GB 6722—2003)，爆破震动安全允许标准见表 8-4-2。

爆破震动安全允许标准　　表 8-4-2

序号	保护对象类别	安全允许振速(cm/s)		
		<10Hz	10～50Hz	50～100Hz
1	土窑洞、土坯房、毛石房屋[a]	0.5～1.0	0.7～1.2	1.1～1.5
2	一般砖房、非抗震的大型砌块建筑物[a]	2.0～2.5	2.3～2.8	2.7～3.0
3	钢筋混凝土结构房屋[a]	3.0～4.0	3.5～4.5	4.2～5.0
4	一般古建筑与古迹[b]	0.1～0.3	0.2～0.4	0.3～0.5
5	水工隧道[c]	7～15		
6	交通隧道[c]	10～20		
7	矿山巷道[c]	15～30		
8	水电站及发电厂中心控制室设备	0.5		
9	新浇大体积混凝土[d] 龄期：初凝～3d 龄期：3～7d 龄期：7～28d	 2.0～3.0 3.0～7.0 7.0～12		

注1. 表列频率为主振频率，系指最大振幅所对应波的频率；

2. 频率范围可根据类似工程或现场实测波形选取，选取频率时亦可参考下列数据：洞室爆破 <20Hz；深孔爆破 10～60Hz；浅孔爆破 40～100Hz

a. 选取建筑物安全允许振速时，应综合考虑建筑物的重要性、建筑质量、新旧程度、自振频率、地基条件等因素；

b. 省级以上(含省级)重点保护古建筑与古迹的安全允许振速，应经专家论证选取，并报相应文物管理部门批准；

c. 选取隧道、巷道安全允许振速时，应综合考虑构筑物的重要性、围岩状况、断面大小、爆源方向、地震振动频率等因素；

d. 非挡水新浇大体积混凝土的安全允许振速，可按本表给出的上限值选取

新的国家标准《爆破安全规程》(GB 6722—2011)规定:

(1)评价各种爆破对不同类型建(构)筑物和其他保护对象的震动影响,应采用不同的安全判据和允许标准。

(2)地面建筑物的爆破震动安全判据,采用保护对象所在地质点峰值振动速度和主要频率。

(3)水工隧道、交通隧道、矿山巷道、电站(厂)中心控制室设备、新浇大体积混凝土的爆破震动安全判据,采用保护对象所在地质点峰值振动速度。

8.5 地震效应的监测

1. 监测地震效应的观测方法

影响爆破地震效应的因素很多,为将研究的问题加以简化,可以假定地震波在均匀弹性介质中传播时,介质质点作简谐运动,质点运动的力学状态可以用位移 x、速度 v 和加速度 a 来表示,它们的数学表达式为:

$$x = A\sin\omega t \tag{8-5-1}$$

$$v = \frac{\mathrm{d}x}{\mathrm{d}t} = \omega A\sin\left(\omega + \frac{\pi}{2}\right) \tag{8-5-2}$$

$$a = \frac{\mathrm{d}^2 x}{\mathrm{d}t^2} = \omega^2 A\sin(\omega + \pi) \tag{8-5-3}$$

在评定地震效应时,通常取其地震波形图上的最大波幅值。因此取

$$x = A$$

$$v = \omega x = 2\pi f A$$

$$a = \omega^2 x = 2\pi f v$$

式中:x——时间为 t 时质点的位移;

A——最大振幅;

ω——角频率;

f——振动频率。

由以上各式可以看出,如果已知位移、速度和加速度三个物理量中的一个,经过微分或积分就可求出其余两个,但在数据换算中存在着固有的误差,所以在实际观测中最好直接测量所需的物理量。

2. 测试场地的选择

场地的选择是与测试的目的密切相关的,只有按照测试的目的来选取合适的测试场地,才能获得较为理想的测点布置方案。其次应考虑到爆破的作用方向、地震波传播途径、爆破地层震动影响区域的地质条件、仪器和人员的安全等因素,具体说明如下:

(1)爆破震动试验数据表明,在分散药包齐发爆破时,沿炮孔中心连线方向地震动强度

的变化受药包分散程度的影响较大，而垂直于炮孔中心连线方向则影响不显著。沿炮孔中心连线方向地震动强度一般比垂直炮孔中心连线方向要低。因此，测试场地宜选择在炮孔中心连线垂直的方向上。

(2)选择的测试场地要宽广，具有较为平坦的地形。这样，布置测点时不会受到爆心距长度的约束，可以扩大各测点间比尺距的差值以及增加测点数，同时还可避免地形对地震动强度的影响。

(3)选择的测试场地的地质条件变化不大，岩性基本一致。如有大的断裂带，测点应布置在断层或破碎带的一侧，但在特殊情况下例外，例如当研究断层或破碎带对地震动的影响时，就需要在断层或破碎带的两侧布置测点。

(4)爆破震动测试资料分析表明，场地条件对地震动强度有一定的影响，一般来说，场地越是软弱，地震动的强度就越大。在爆破地震动观测时，应考虑这一因素。

(5)当爆破震动测试仪器选取多道记录的地震仪时，场地的选择就需要考虑各测点的拾振器与记录仪之间用导线连接的问题，应该尽量以走线方便为原则，勿使导线跨越公路、铁道等交通要道，并尽量缩短架线的长度。同时，记录仪安放的位置，要确保仪器操作人员和仪器的安全。

3. 波形分析

(1)地震波的特点

在爆破地震波谱图上首先到达的是纵波，随后是横波和表面波。但在实际中，距震源较近的地区，地表运动是很复杂的。纵、横波到达的时间又相差很小，一般不易分清是哪种波，所以，在观测爆破地震效应时，可以将地震波分为初至波和主震相两部分。

(2)地震波中几个物理量的测试方法

作为衰减波的地震波的物理量(包括传播速度、波长、频率、周期和振幅)的测量和计算比较复杂，但是测量的基本物理量是一样的。一般使用光学读数放大器进行准确的测量。

振幅的读数。地震波的振幅和周期都是在变化的，都是时间的函数。由于主震相振幅大、作用时间长，所以主要是测量主震相中的最大振幅即波形图上的最大偏移。

振动持续时间的读数。量取持续时间的方法一般有三种：其一是量取速度或加速度超过某一数值的时间；其二是量取波形图中振幅较大的那一部分；其三是量取加速度平方积分90%的时间。时间的计算是用振动频率作为依据的。

4. 爆破地震观测要求

爆破地震观测应注意做到：

(1)确保爆破地震区目标物的安全设防要求，对于需要特殊保护的目标物的爆破地震的安全性，应做专门研究确定。

(2)检测所用的测试系统，应经室内动态标定，并有良好的频响特性和线性范围，数据误差符合工程要求。

(3)监测报告内容应包括：场地情况、测点布置情况、测试系统、监测方法、各监测点距爆心距离、实测爆破地震波峰值振速、主震相振动频率和振动持续时间。

(4)爆破前后被保护物的宏观调查情况以及爆破震动对被保护物影响的明确结论。

8.6 工程实例

8.6.1 北庄隧道地表建筑情况

北庄隧道位于河南省巩义市涉村镇南庄村中部山区,隧道隧址所处位置地形复杂,地势起伏较大,地质主要为风化灰岩,围岩自稳性较差,且埋深较浅,隧道中心线位置顶部覆盖层厚度为30~50m,易产生坍塌。北庄隧道上行穿越北庄村,穿越段长度为450m,穿越北庄村段隧道顶部地表建筑物集中,房屋多为砖石结构、土坯结构,抗震能力较差。仅该段地表(隧道顶部范围)房屋共计67处,其中居民住房61处、养猪场1处、住人窑洞1处、空置窑洞4处,人口密度较大,分布范围较广。设计平面如图8-6-1所示。

图8-6-1 北庄隧道设计平面示意图

针对隧址区上方建筑物的特点及村民的要求,我们有选择的挑取4户建筑物进行了详细的宏观考察,分别是2户两层砖混小楼(较新建筑)和2户一层砖拱窑结构房(较老建筑)。

8.6.2 类似工程调研总结

对国内类似工程进行调研,主要总结保护对象的基本情况、安全爆破控制标准、经验公式的参数选取及减震爆破措施,详细结果如表8-6-1所示。

同时对震动影响程度进行了分类,可以在实际施工中参照进行爆破参数的调整。

8.6.3 地表建筑的宏观调查

宏观考察的内容主要包括建筑物建筑年代、结构类型、裂缝现状、裂缝类型等,详细宏观考察如图8-6-2~图8-6-5所示。

类似工程调研总结 表 8-6-1

序号	名 称	保护对象及距爆源距离(m)	振速控制(cm/s)	最大装药量(kg)	K、α 取值	减震措施及其他情况
1	青岛胶州湾隧道	房屋,25	1.5	8.52	50,1.4	分部开挖,微差爆破,毫秒雷管段起爆,间隔大于50ms
2	松岭隧道	铁路,7 人防洞,1.8	1.5	2.0	20~200, 1.9	超前小导洞分台阶开挖,控制进尺,打减震孔,监测反馈
3	内昆铁路盐津1号隧道	楼房,<27	2.0	1.8	—	爆破试验,短台阶光面爆破,监测反馈
4	万山隧道	框架楼房,30	2.0	8.5	—	爆破试验,分部开挖,多段微差起爆,监测反馈
5	深圳地铁2号线工程试验段	框架楼房,15~17	2.0	10.0	191.20,2.22 896.27,6.21	当爆心距大于40~45m时,地震波已基本衰减为0;爆破地震波的频率集中在10~50Hz,不会引起共振
6	某电站尾水隧洞工程	高铁、国道,48、35	2.0	33.6	279,2.16	爆破设计掏槽方式由直眼掏槽改为楔形掏槽,起爆方式由非电起爆改为电雷管起爆,为减小炸药量,增加钻孔数量
7	双山隧道	房屋,20.1	2.5	19.8	8.21,0.59	施工总原则为"短进尺、强支护、快循环、弱爆破、少干扰",为严格控制超欠挖,几种开挖方法均采用光面爆破,非电毫秒雷管分段起爆
8	渝怀铁路人和场隧道	高层建筑,高速公路,26~36	2.0	7.8	200~300, 1.7~2.0	上断面掘进爆破,下断面水平孔拉槽爆破

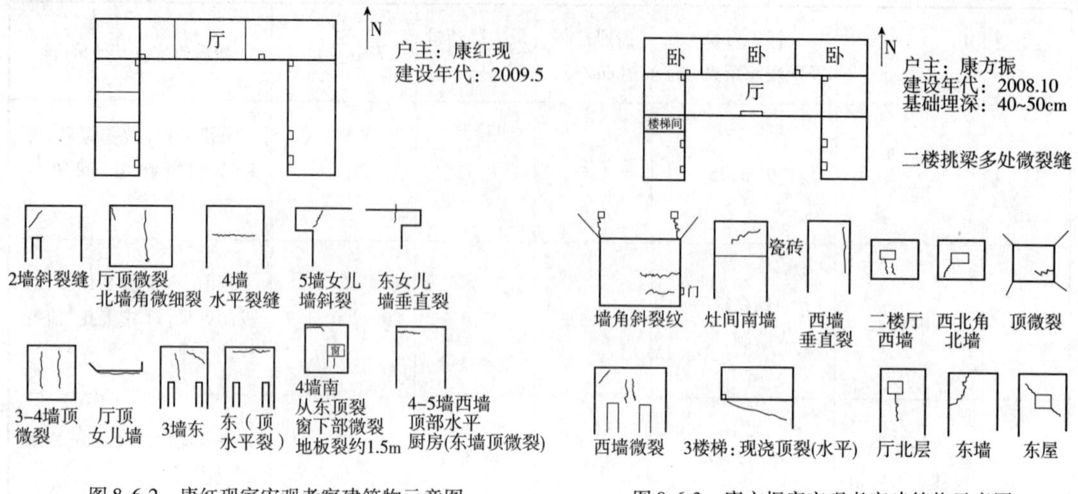

图 8-6-2　康红现家宏观考察建筑物示意图

图 8-6-3　康方振家宏观考察建筑物示意图

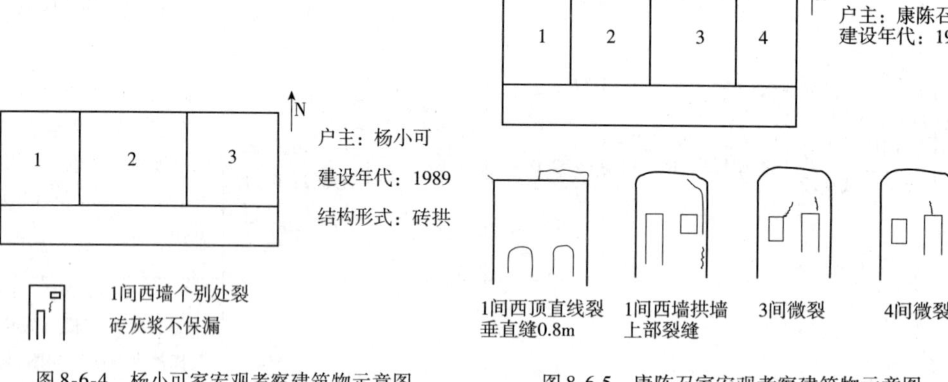

图 8-6-4　杨小可家宏观考察建筑物示意图

图 8-6-5　康陈召家宏观考察建筑物示意图

8.6.4　北庄隧道仪器监测方案

根据前面关于北庄隧道的地质条件和工程概况，北庄隧道穿过北庄村段采用短进尺弱爆破方式进行，起爆方式采用非电毫秒雷管起爆，雷管段数 1 ~ 15 跳段使用。

1. 爆破炸药及炮眼参数

炸药类别：2 号岩石硝铵炸药；

用药量：主洞 54kg、人行横洞 9kg；

炮眼布设参数：爆破参数见表 8-6-2。

2. 爆破点里程位置及对应药量

（1）主洞隧道左线爆破里程：ZK20 + 470；用药量：54kg。

（2）主洞隧道右线爆破里程：YK20 + 510；用药量：54kg。

（3）左洞人行横洞爆破里程：ZK20 + 400；用药量：9kg。

（4）右洞人行横洞爆破里程：YK20 + 415；用药量：9kg。

3. 使用设备

中国地震局地球物理勘探中心郑州基础工程勘察研究院在本次爆破震动监测项目中使用的是进口仪器设备，分别为：

爆破参数表 表 8-6-2

炮眼种类	个数	孔深(m)	豪秒雷管段位	装药集中度(kg/m)	单眼装药量(kg)	装药量(kg)
掏槽眼	10	2	1	0.45	0.9	7.65
掏槽辅助眼	4	2	8	0.45	0.9	3.06
压炮眼	9	1.5	9	0.3	0.45	3.24
辅助眼	20	1.5	5,7,9	0.3	0.45	7.2
周边辅助眼	25	1.5	11	0.3	0.45	9
周边眼	49	1.5	13	0.3	0.45	17.64
底板眼	13	1.5	15	0.3	0.45	4.68
合计	130					52.47

(1)CMG－40T 型地震计(英国 GURALP)，10 台套。

(2)数据采集系统(美国 REFTEK130B)，10 台套。

(3)GPS 授时定位仪，10 台套。

(4)富士通便携式计算机，2 台。

4. 北庄隧道的监测布置

隧道开挖通常采用的是爆破方式，但爆破就会产生能量，其能量就会以地震波的方式向外传播，当传播到遇有建筑物的地面时，建筑物就会随之产生震动，振动幅值过大时则造成建筑物的破坏，所以重要的工程项目需要采用爆破时，必须进行爆破震动监测。

监测的基本原理是：当爆破时，根据影响建筑物的范围，布置专用的地震仪器在不同的位置上进行观测，一般情况下采用多台(5 台)等间距布置，这样可以得到地面运动速度值，同时还可以确定影响范围。观测时将仪器与地面紧密接触并调整到正常状态，采用草图方式确定测点位置及坐标，炸药量须按正常施工时药量安放，爆破方式等不变，起爆时产生的地震波则由起爆点向四周传播，这时在地面放置地震仪器就会将地震波记录下来。地震波在传播时由于地层的滤波作用，高频部分很快就会被吸收掉，低频部分则会传播到很远处。当地震波传播到建筑物时，其破坏性最大的是剪切波(也称横波或 S 波)，呈水平振动，而纵波由于能量小通常情况下不需考虑。利用记录到的横波最大振幅则可计算出地面运动速度最大值，此值则是考虑破坏作用的重要技术指标，根据规范指标进行对比即可分析出其影响作用。

本次开展震动监测采用的是进口设备，采集系统为美国生产的 REFTEK130B 型地震仪，地震计(也称为检波器或拾震器)为英国生产的 GURALP 三分量地震计。进口设备的特点是精度高、轻便灵活、性能稳定、采集数据可靠，为重要科研单位进行野外观测的首选设备。本项目采用的是 X、Y、Z 三个方向的三分量检波器，其中 X 和 Y 为水平分量，两个分量呈相互垂直状,这样保证了任何方向传播的波形正常接收。GURALP 三分量地震计有单端输出和差分输出两种。差分震动监测地震计将爆破震动能量转换为内部磁芯的位移量,并将磁芯位移量变成了对应的电压信号值输出,进而将震动能量产生的振动波形的幅度值对应成电压值。

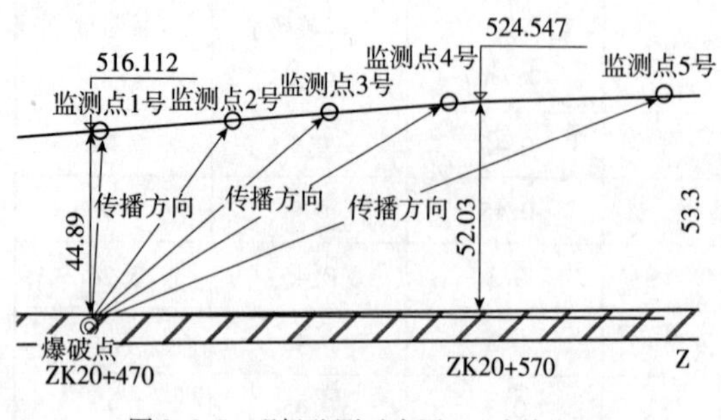

图 8-6-6　现场监测示意图(尺寸单位:mm)

依据规范要求及根据现场情况,与甲方技术人员在现场协商后决定在北庄隧道左右洞隧道中心线附近、左右洞隧道中心各布置 5 个监测点,如图 8-6-6 所示。各监测点的间距 25 ~ 50m,详细监测点情况见图 8-6-6。

全部地震仪于当日 12 时前根据点位情况布置完毕,经检查所有仪器工作正常。当天,隧址分别在 12 时 49 分、12 时 54 分、17 时 39 分、17 时 57 分进行起爆,至 18 点左右共完成 4 次爆破监测。

将地震仪采集到的爆破震动原始数据输入便携式计算机保存,然后在室内采用专用数据处理软件在计算机上对这些数据进行处理分析,见图 8-6-7。

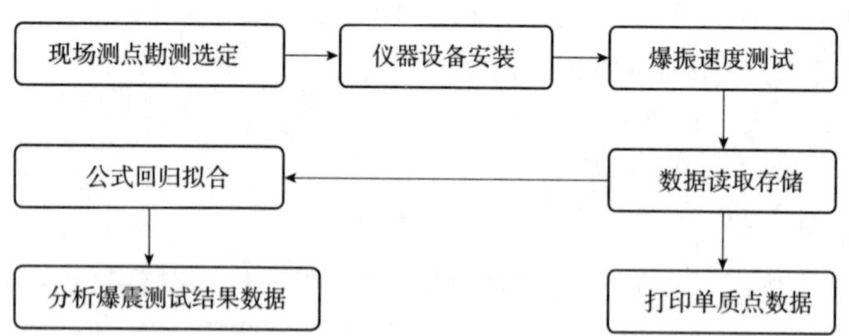

图 8-6-7　监测流程示意图

左线主洞隧道(爆破里程 ZK20 +470,用药量 54kg)及左线人行横洞(爆破里程 ZK20 +400,用药量 9kg)相对各监测点里程及空间距离对应关系表 8-6-3。

左线主洞及左线人行横洞与各监测点距离对应关系表　　表 8-6-3

监测点编号	Z1 号	Z2 号	Z3 号	Z4 号	Z5 号
监测点里程	ZK20 472	ZK20 507	ZK20 532	ZK20 562	ZK20 617
监测点水平间距(m)	0	35	25	30	55
距炮点(左线主洞 ZK20 470)水平距离(m)	2	37	62	92	147
距炮点(左线主洞 ZK20 470)空间距离(m)	44.9693	60.186	80.4858	107.0094	157.6428
距炮点(左线人行横洞 ZK20 400)空间距离(m)	85.4805	117.1603	141.0029	170.8538	224.1304

右线主洞隧道(爆破里程 YK20 +510,用药量 54kg)及右线人行横洞(爆破里程 YK20 +

415，用药量 9kg）相对各监测点里程及空间距离对应关系见表 8-6-4。

右线主洞及右线人行横洞与各监测点距离对应关系表　　表 8-6-4

监测点编号	Y1 号	Y2 号	Y3 号	Y4 号	Y5 号
监测点里程	YK20 505	YK20 535	YK20 565	YK20 595	YK20 645
监测点水平间距（m）	0	30	30	30	50
距炮点（右线主洞 YK20 510）水平距离（m）	5	25	55	85	135
距炮点（右线主洞 YK20 510）空间距离（m）	43.8187	51.6379	72.6516	98.1653	144.2749
距炮点（右线人行横洞 YK20 415）空间距离（m）	101.1779	129.4185	157.8976	187.1081	236.3128

9 隧道爆破引起的地表与地表建筑震动沉降的监测分析

在了解岩石爆破理论、爆破地震波的基本理论及爆破震动的评判标准之后,为了能够更进一步地弄清楚爆破地震波的特点及传播规律,对爆破地震波对地面建筑物的影响程度作出合理的评价,本文依托河南巩登高速公路北庄隧道爆破开挖,通过宏观考察来反映地表建筑物在地震效应作用下的破坏情况,同时以爆破施工中隧道上方地表的震动测试数据作为研究资料,通过对数据的回归分析和处理得出爆破时振动速度沿不同方向传播衰减规律,并分析地震波的频谱特征,为控制隧道开挖爆破地震危害提供基础数据。

9.1 地表变形分析

9.1.1 宏观考察结果

从以上 4 户建筑物的宏观考察结果来看,村民的房屋基础基本埋深约 50cm,坐落在较为坚硬的砾石层上,持力层选择没有任何问题。2 户砖结构房屋有些部位出现裂缝或开裂,基本呈垂向或斜裂,有的部位呈水平裂缝,没有明显的规律性。2 户砖拱窑结构房屋个别部位出现顶部开裂,有些门窗角处出现 20 ~ 50cm 的短裂缝,没有明显的规律。

9.1.2 监测结果分析

1. 频谱分析

(1)记录时间 t

影响一个实际观测记录的时间 t 确定了频谱分析中的基本周期,也确定了频谱中的分辨率。t 越大,分辨率越高;t 越小,分辨率就越低。根据测不准原理,在时域上 t 越长,在频域上的测量精度就越高。

(2)时间间隔的 Δt

影响时间间隔 Δt 的作用,与奈奎斯特频率有关,Δt 的确定依赖于信号最高频率 f_{max},根据抽样原理:

$$\Delta t = (2f_{max})^{-1} \tag{9-1-1}$$

式中:一般 Δt 取最高频率的 3 ~4 倍即可。

(3)频谱分析中应注意的问题

①对于一般的谱分析,窗效应总是难免的,不要过分注意选择窗函数的形状,事实上分析的记录长度对频谱分析来说要比窗函数的形状重要。

②时间间隔 Δt 应足够小,以防止混叠现象的出现。

③一般说来,谱分析计算均用于作相对的比较,这就要求对同一个记录中不同频率成分

的谱值进行比较，或不同记录的同一频率谱值进行比较，这要求进行各项数据处理，选择参数时要有相同的出发点，以使相对值准确。

④必须对所计算的频谱中的最高频率、最低频率以及频率分辨率有一个清晰的了解。

2. 最大振幅值及监测点最大速度值

将所有爆破震动记录的原始数据输入到计算机中，经过对这些数据的处理分析，得到各监测点的振动波形最大振幅值，详细见表9-1-1和表9-1-2。爆破震动时监测点记录的振动波形打印成图，部分典型震动波形曲线图参见附录。

巩登高速北庄隧道左幅爆破监测最大振幅值 表9-1-1

药量 Q	放炮序号	最大振幅值(cm)				
		Z1号	Z2号	Z3号	Z4号	Z5号
Z54kg	1(12:49)	27.322 685	26.247 91	23.436 759	20.250 057 19	2.837 08
Z9kg	2(12:54)	6.066 942	3.213 071	2.077 041	2.040 155	0.382 477
Y54kg	3(17:39)	27.346 111	20.863 77	20.680 073	19.262 727	2.230 043
Y9kg	4(17:57)	10.169 239	7.752 094 8	8.248 931	4.452 303	0.685 397

巩登高速北庄隧道右幅爆破监测最大振幅值 表9-1-2

药量 Q	放炮序号(时间)	最大振幅值(cm)				
		Y1号	Y2号	Y3号	Y4号	Y5号
Z54kg	1(12:49)	24.720 417	22.862 074	14.700 459	7.031 911	1.357 749
Z9kg	2(12:54)	5.546 317	3.449 945	3.224 621	1.060 536	0.318 478
Y54kg	3(17:39)	23.480 383	23.304 270	22.484 286	13.153 936	1.756 60
Y9kg	4(17:57)	11.217 246	9.175 744	7.719 833	2.636 370	0.560 473

从表9-1-1和表9-1-2可以看出：

(1)当药量为54kg时，左侧隧道各监测点的最大振幅值从1号点的27.346 111cm逐渐衰减到5号点的2.230 043cm；右侧隧道各监测点的最大振幅值从1号点的24.720 417cm逐渐衰减到5号点的1.357 749cm。

(2)当药量为9kg时，左侧隧道各监测点的最大振幅值从1号点的10.169 239cm逐渐衰减到5号点的0.382 477cm；右侧隧道各监测点的最大振幅值从1号点的11.217 246cm逐渐衰减到5号点的0.318 478cm。

为了研究在爆破作用下最大振幅值变化的快慢情况，采用数学中直线斜率的大小来说明在不同炸药量情况下，最大振幅随着空间距离的变化情况。在数学中，两点(x_1,y_1)、(x_2,y_2)之间直线的斜率$\tan\alpha$计算公式为：

$$\tan\alpha = \frac{y_1 - y_2}{x_1 - x_2}$$

计算表9-1-1和表9-1-2之间测点的斜率如表9-1-3和表9-1-4所示。

巩登高速北庄隧道左幅爆破监测最大振幅值的斜率　表 9-1-3

药量 Q	放炮序号	最大振幅值斜率			
		$\tan\alpha_{12}$	$\tan\alpha_{23}$	$\tan\alpha_{34}$	$\tan\alpha_{45}$
Z54kg	1(12:49)	-14.22	-7.22	-8.32	-2.91
Z9kg	2(12:54)	-5.34	-17.81	-663.25	-30.5
Y54kg	3(17:39)	-2.35	-112.78	-18.68	-2.97
Y9kg	4(17:57)	-6.29	40.6	-6.98	-13.43

巩登高速北庄隧道右幅爆破监测最大振幅值的斜率　表 9-1-4

药量 Q	放炮序号(时间)	最大振幅值斜率			
		$\tan\alpha_{12}$	$\tan\alpha_{23}$	$\tan\alpha_{34}$	$\tan\alpha_{45}$
Z54kg	1(12:49)	-4.2	-2.57	-3.33	-8.13
Z9kg	2(12:54)	-3.72	-91.34	-11.81	-62.31
Y54kg	3(17:39)	-43.44	-25.62	-2.73	-4.04
Y9kg	4(17:57)	-3.83	-14.39	-5.02	-22.17

(1)当药量为 54kg 时,左侧隧道各监测点的最大振幅值变化最快的是 2 号点到 3 号点之间,变化率为 112.78(负号仅表示方向,在此取绝对值。下同。),变化最慢的是 1 号点到 2 号点之间,变化率为 2.35;右侧隧道各监测点的最大振幅值变化最快的是 1 号点到 2 号点之间,变化率为 25.63,变化最慢的是 3 号点到 4 号点之间,变化率为 2.73。

(2)当药量为 9kg 时,左侧隧道各监测点的最大振幅值变化最快的是 3 号点到 4 号点之间,变化率为 663.25,变化最慢的是 1 号点到 2 号点之间,变化率为 3.74;右侧隧道各监测点的最大振幅值变化最快的是 2 号点到 3 号点之间,变化率为 91.34,变化最慢的是 1 号点到 2 号点之间,变化率为 3.72。

无论是左幅还是右幅,9kg 炸药时斜率变化比较大,54kg 炸药时斜率变化较小,这说明炸药的量越多,爆破产生的振动波的最大振幅衰减的越快。

3. 爆破振动速度的衰减性

根据计算公式:

$$v_{\max} = A_{\max}/S$$

式中:$v_{\max}$——监测点对应的最大速度值(cm/s);

$A_{\max}$——监测点对应的最大振幅值(cm/s);

S——地震计的灵敏度。

本次监测中的地震计属于差分输出,灵敏度值取 2 000(V · s/m)。

将表 9-1-1、表 9-1-2 中最大振幅值代入以上公式,经数据处理,计算出各监测点在 54kg 及 9kg 炸药下的振动速度的最大值。各监测点的地面振动速度最大值详见表 9-1-5 和表9-1-6。

左右隧道主洞炮点(炸药量为 54kg)对应监测点速度值表　表 9-1-5

监测点号	仪器编号	空间距离 L(m)	$v_{\max}$(cm/s)
Z1 号	9B70	44.969 3	1.366
Z2 号	9B0B	60.186	1.312
Z3 号	9C04	80.485 8	1.172

续上表

监测点号	仪器编号	空间距离 L(m)	v_{max}(cm/s)
Z4 号	9B53	107.009 4	1.000
Z5 号	9B60	157.642 8	0.142
Y1 号	9B51	43.818 7	1.236
Y2 号	9A85	51.637 9	1.174
Y3 号	9A21	72.651 6	1.165
Y4 号	9C00	98.165 3	0.658
Y5 号	9A21	144.274 9	0.088

左右隧道人行横洞炮点(炸药量为 9kg)对应监测点速度值表 表 9-1-6

监测点号	仪器编号	空间距离 L(m)	v_{max}(cm/s)
Z1 号	9B70	85.480 5	0.508
Z2 号	9B0B	117.160 3	0.388
Z3 号	9C04	141.002 9	0.412
Z4 号	9B53	170.853 8	0.223
Z5 号	9B60	157.642 8	0.034
Y1 号	9B51	101.177 9	0.561
Y2 号	9A85	129.418 5	0.459
Y3 号	9A21	157.897 6	0.388
Y4 号	9C00	187.108 1	0.132
Y5 号	9A21	236.312 8	0.028

将表 9-1-5 和表 9-1-6 的空间距离 L(m)和 v_{max}(cm/s)分别以 X 轴和 Y 轴坐标连接起来,就形成了爆破震动监测点的衰减曲线,如图 9-1-1 所示。

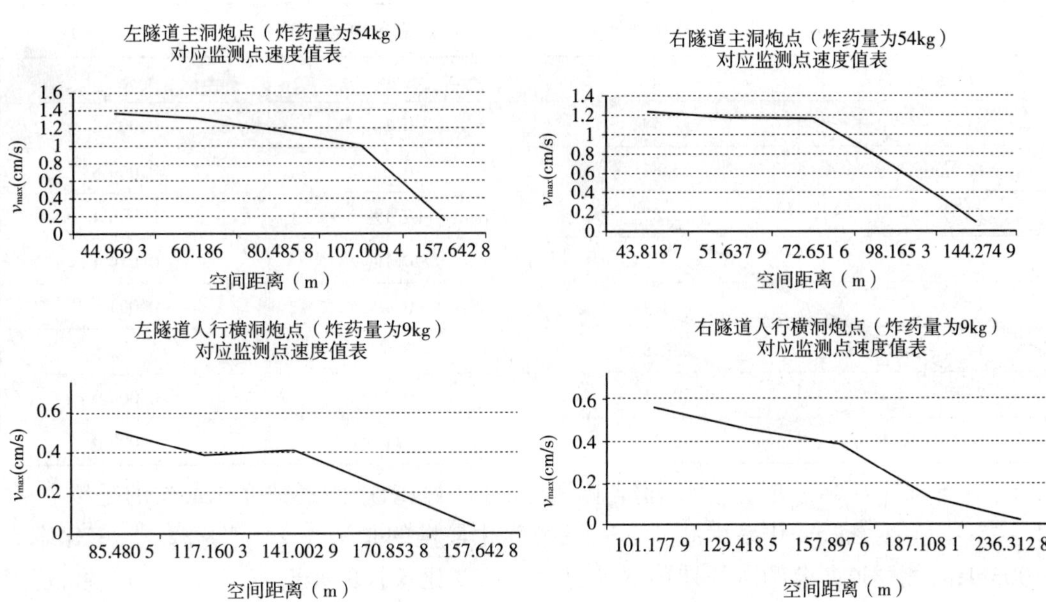

图 9-1-1 监测点衰减曲线图

从表9-1-5和表9-1-6可以看出：

(1)当药量为54kg时，左侧隧道各监测点的地面振动速度最大值从1号点的v_{max} = 1.366(cm/s)逐渐衰减到5号点的v_{max} = 0.142(cm/s)；右侧隧道各监测点的地面振动速度最大值从1号点的v_{max} = 1.236(cm/s)逐渐衰减到5号点的v_{max} = 0.088(cm/s)。

(2)当药量为9kg时，左侧隧道各监测点的地面振动速度最大值从1号点的v_{max} = 0.508(cm/s)逐渐衰减到5号点的v_{max} = 0.034(cm/s)；右侧隧道各监测点的地面振动速度最大值从1号点的v_{max} = 0.561(cm/s)逐渐衰减到5号点的v_{max} = 0.028(cm/s)。

为了研究在爆破作用下最大振幅的变化率情况，采用数学中直线斜率的大小来说明在不同炸药量情况下，振动随着空间距离的变化情况。计算表9-1-5和表9-1-6之间测点的斜率如表9-1-7和表9-1-8所示。

左右隧道主洞炮点(炸药量为54kg)对应监测点速度的斜率 表9-1-7

直线段落	ΔL(m)	Δv_{max}(cm/s)	$\tan\alpha = \frac{\Delta v_{max}}{\Delta L}$
Z1号~Z2号	15.22	-0.06	-0.003 9
Z2号~Z3号	20.30	-0.14	-0.006 9
Z3号~Z4号	26.52	-0.17	-0.006 4
Z4号~Z5号	50.63	-0.86	-0.016 9
Y1号~Y2号	7.82	-0.07	-0.008 9
Y2号~Y3号	21.01	0	0
Y3号~Y4号	25.51	-0.51	-0.019 9
Y4号~Y5号	46.11	-0.57	-0.012 4

左右隧道人行横洞炮点(炸药量为9kg)对应监测点速度值表 表9-1-8

直线段落	ΔL(m)	Δv_{max}(cm/s)	$\tan\alpha$
Z1号~Z2号	31.68	-0.12	-0.003 8
Z2号~Z3号	23.84	0.02	0.000 8
Z3号~Z4号	29.85	-0.19	-0.006 4
Z4号~Z5号	-13.21	-0.19	0.014 4
Y1号~Y2号	28.24	-0.1	-0.003 5
Y2号~Y3号	28.48	-0.07	-0.002 5
Y3号~Y4号	29.21	-0.26	-0.008 9
Y4号~Y5号	49.2	-0.1	0.002 0

(1)当药量为54kg时，左侧隧道各监测点的地面振动速度衰减变化最快的是测点Z4号~Z5号，速度衰减变化率为0.016 9，衰减变化最慢的是测点Z1号~Z2号，变化率为0.003 9；右侧隧道各监测点的地面振动速度衰减变化最快的是测点Y3号~Y4号，速度衰减变化率为0.019 9，衰减变化最慢的是测点Y2号~Y3号，变化率为0；

(2)当药量为9kg时，左侧隧道各监测点的地面振动速度衰减变化最快的是测点Z4

号～Z5号，速度衰减变化率为0.014 4，衰减变化最慢的是测点Z2号～Z3号，变化率为0.000 8；右侧隧道各监测点的地面振动速度衰减变化最快的是测点Y3号～Y4号，速度衰减变化率为0.008 9，衰减变化最慢的是测点Y4号～Y5号，变化率为0.0020。

无论是左幅还是右幅，9kg炸药引起地面振动速度衰减变化比较小，54kg炸药引起的地面振动速度衰减变化比较大，这说明炸药的量越多，爆破产生的地震效应衰减的越快。

4. 爆破振动主频的衰减性

将采集到的各个监测点波形曲线，经专业软件快速富氏分析处理，得到爆破振动频谱图，进而得到振动波形的主频率值。频谱分析得到的监测点Z1～Y5号的主频率值分别如表9-1-9所示。

左右隧道主洞炮点(炸药量为54kg)对应监测点振动主频值 表9-1-9

监测点号	仪器编号	F(Hz)
Z1号	9B70	3.3
Z2号	9B0B	4.0
Z3号	9C04	4.0
Z4号	9B53	2.8
Z5号	9B60	5.0
Y1号	9B51	4.0
Y2号	9A85	3.3
Y3号	9A21	2.8
Y4号	9C00	5.0
Y5号	9A21	4.0

从表9-1-9可以看出，各监测点爆破土振频率主要分布在2.8～5.0Hz。对应监测点主频斜率如表9-1-10所示。

左右隧道主洞炮点(炸药量为54kg)对应监测点主频的斜率 表9-1-10

直线段落	ΔL(m)	ΔF(Hz)	$\tan\partial=\frac{\Delta F}{\Delta L}$
Z1号～Z2号	15.22	0.7	0.046 0
Z2号～Z3号	20.30	0	0
Z3号～Z4号	26.52	-2.2	-0.082 9
Z4号～Z5号	50.63	2.2	0.043 4
Y1号～Y2号	7.82	-0.7	-0.089 5
Y2号～Y3号	21.01	-0.5	-0.023 8
Y3号～Y4号	25.51	2.2	0.086 2
Y4号～Y5号	46.11	-1	-0.021 7

当药量为54kg时，左侧隧道各监测点的地面振动主频衰减变化最快的是测点Z3号～Z4号，速度衰减变化率为0.082 9，衰减变化最慢的是测点Z2号 ～Z3号，变化率为0；右侧隧道各监测点的地面振动速度衰减变化最快的是测点Y1号～Y2号，速度衰减变化率为0.089 5，衰减变化最慢的是测点Y4号～Y5号，变化率为0.021 7。

5. 安全临界距离的确定

参照《爆破安全规程》(GB 6722—2011)给出的爆破震动安全允许距离,可按式(9-1-2)计算:

$$R=\left(\frac{K}{v}\right)^{\frac{1}{3}}\cdot Q^{\frac{1}{3}} \tag{9-1-2}$$

式中:R——爆破震动安全允许距离,m;

Q——炸药量,齐发爆破为总药量,延时爆破为最大一段药量,kg;

v——保护对象所在地质点振动安全允许速度,cm/s;

K——取值为250。

根据中华人民共和国国家标准《爆破安全规程》(GB 6722—2011)规定,一般砖房在小于10Hz范围内,爆破振动速度安全允许值为2.0~2.5cm/s。最后算出在54kg炸药量下,爆破震动速度安全允许值取2.0cm/s时,震动安全距离为42.26m。

9.2 保障安全的主要技术措施

前面已详细的阐述了爆破震动对建筑物的破坏作用,现在就爆破震动的破坏作控制进行深入的探讨研究。爆破震动的破坏作用是爆破公害中最重要的问题之一并已成为国民经济建设中重要的环保问题,爆破震动危害控制一直是国内爆破安全技术的重大研究课题,亦是一些学者致力于解决的难题。为了确保爆区周围建筑物的安全,必须严格控制爆破振动。

从以往对爆破震动危害制的研究看,爆破震动危害控制的方法大致有三种:

(1)爆源的控制措施。

(2)爆破地震波在传播过程中的控制措施。

(3)对保护对象采取的控制措施。

目前在工程实际中应用最多的或者说各国学者重点研究的是针对爆源采取降震措施,其中干扰降震法、控制最大段药量、改变爆破参数是较为常用的方法。

9.2.1 爆源的控制措施

1. 选择合适的炸药品种

合理选择炸药的品种,使炸药的波阻抗与岩石的波阻抗相匹配,可实现一定程度的减震效果。大量的研究表明,质点爆破振动速度与炸药的爆速有直接关系,炸药的爆速越高,爆破产生的振动越大。统计表明,爆速为2 000m/s的低爆速炸药爆破产生的振动速度比爆速为3 600m/s的炸药低40%~60%,因此,应选择合适的炸药品种。目前隧道开挖常用的炸药品种是2号岩石炸药、乳化炸药以及周边眼使用的光爆炸药。鉴于隧道开挖爆破的特点,并结合白河段隧道工程的实际地质情况,在掏槽眼和掘进采用了防水较好的乳化炸药,在周边眼则采用了小直径低爆速的光爆炸药,其性能见表9-2-1所示。

部分常用炸药性能表 表9-2-1

炸药名称	药卷直径(m)	密度(g/cm)	猛度(mm)	爆速(cm/s)
2号岩石炸药	32	0.95~1.10	12	3 600
乳化炸药	35	0.95~1.25	16	3 800~4 100
SB光爆炸药	20	0.7	2~5	3 100~3 400

2. 严格控制用药量

由式(9-2-1)可知,振动速度与药量成正比,因此可通过控制最大段药量控制爆破振动强度,单位炸药消耗量过大,会使爆破振动与空气冲击波增大,并引起岩块过度的位移或抛抓。通过对爆破最大段药量的控制可以有效地降低爆破震动的峰值质点振速,其主要原理是:在保证矿岩能够充分破碎的条件下,减少爆破能量源的大小可以降低爆破震动强度。同时大量实践也证明,爆破震动峰值强度的大小,主要取决于最大药量,将此见解称为"单段独立作用原理"。将一次爆破药量分成多段微差延期起爆,使得爆破震动峰值减小为允许范围内,这样一次爆破规模可扩大很多倍而不会产生大的震动,最终实现降震的目的。

3. 优化装药结构

合理调整与改变装药结构能达到有效降低震动的目的,不耦合装药,如空气间隔装药,改变药柱直径,都能起到很好的降低震动的效果。一般集中装药、密实装药的震动效应程度分别大于分散装药和不耦合装药。空气不耦合装药的研究资料表明,炸药在固体介质中爆炸,产生很大的爆炸应力,通过空气介质缓冲爆轰波的峰值压力,延长爆轰压力对炮孔壁的作用时间。根据不耦合系数的调整,使缓冲后的炮孔压力只是炮孔周围裂隙得以发展的最小压力(一般为18倍岩石的抗拉强度),可有效减震。在隧道掘进中改深孔连续密实装药为空气间隔、不耦合装药,能有效利用炸药能量,改善爆破效果,使震动效应降低40%~60%。

4. 干扰降震法

进行石方开挖时,在主爆区爆破之前沿设计轮廓线先爆出一条具有一定宽度的贯穿裂缝,以缓冲、反射开挖爆破的振动波,控制其对保留岩体的破坏影响,使之获得较平整的开挖轮廓,此种爆破技术为预裂爆破。预裂爆破不仅在垂直、倾斜开挖壁面上得到广泛应用;在规则的曲面、扭曲面以及水平建基面等也采用预裂爆破。实践表明,预裂爆破降震率大都在30%以上,效果好的预裂爆破降震率可达50%以上,预裂爆破已成为常用的有效降震措施。

9.2.2　爆破地震波在传播过程中的控制措施

爆破时,在被保护建筑物附近挖一条一定深度和宽度的沟槽,可以有效降低建筑物受到的爆破震动。减震沟对爆破地震波的影响,由波的特点知,如果地震波在传播过程中遇到像岩石中的层理面、节理面、断层面和自由面,或者在传播过程中介质性质发生了变化时,那么地震波的一部分能量会从交界面射回来,另一部分则折射过交界面进入第二种介质ρ_2c_2,如图9-2-1所示。并且地震波由波阻抗的介质进入波阻抗小的介质时,折射波的能量会大大衰减。也就是炸药爆炸所生的地震波以压缩入射波的形式从爆源中心向外传播,其介质的波阻抗为ρ_1c_1,由于沟槽中空气介质的波阻抗组ρ_2c_2远远小于ρ_1c_1,所以,通过自由面A进入沟槽的震波会衰减为空气中的音波,能量大大减小。当减震沟的深度足够深时,只有部分能量通过沟槽底部介质绕射到沟槽另一侧其波阻抗为介质中,减震沟的深应超过炮孔的深度,宽度为1.5~2m,这样沟槽就可截断地震波大部分能量向被护建筑物

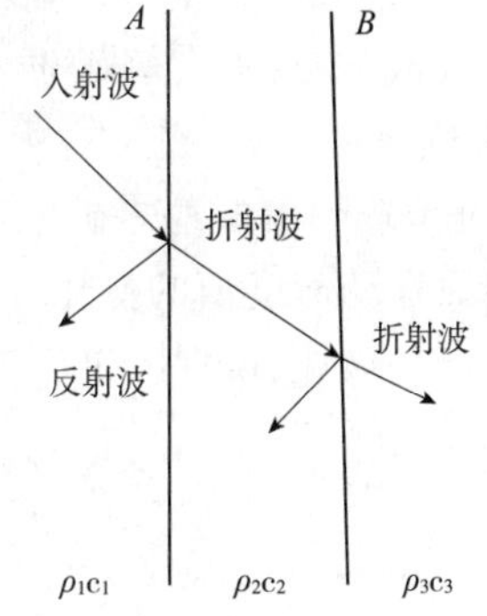

图9-2-1　地震波的传播过程图

的传播,即起到截波防震的效果。大量实测资料表明,减震沟的减震效果明显,达到30%以上。

9.2.3 对保护对象采取的控制措施

对保护对象采取的控制措施是从爆破振动主频与结构自振频率两方面来考虑避开结构共振带,从而使得结构产生较小的动力放大作用,主要有结构修正设计和微差干扰减振两种方案,比较适合在爆破远区对建(构)筑物的振动防护,其中结构修正设计一般在建筑结构设计阶段已考虑抗震要求,在爆破工程实践中较少使用。微差干扰降振是通过微差时间间隔的合理选择,从而使得振动波形的主振频率提高来避免与建筑结构自振频率的接近。

9.3 结论与建议

1. 结论

(1)当药量为54kg时,左侧隧道各监测点的地面振动速度最大值从1号点的v_{max}=1.366(cm/s)逐渐衰减到5号点的v_{max}=0.142(cm/s);右侧隧道各监测点的地面振动速度最大值从1号点的v_{max}=1.236(cm/s)逐渐衰减到5号点的v_{max}=0.088(cm/s);

(2)当药量为9kg时,左侧隧道各监测点的地面振动速度最大值从1号点的v_{max}=0.508(cm/s)逐渐衰减到5号点的v_{max}=0.034(cm/s);右侧隧道各监测点的地面振动速度最大值从1号点的v_{max}=0.561(cm/s)逐渐衰减到5号点的v_{max}=0.028(cm/s)。

(3)根据左右隧道监测点所获取的速度值Z1号v_{max}=1.366(cm/s)和Y1号v_{max}=1.236(cm/s),结果表明2011年6月14日所进行的54kg爆破对隧道上方村庄的建筑物地面所产生的最大速度值是在安全值v=2.0(cm/s)的范围内。

(4)根据中华人民共和国国家标准《爆破安全规程》(GB 6722—2011)取速度值为2.0(cm/s)时,再根据实测数据计算得到2011年6月14日所进行的54kg爆破的安全临界距离在42.26m左右。

2. 建议

(1)结合以往监测经验来看,因受隧道爆破方式、岩石K、α取值和环境背景噪声的影响,爆破振动监测所获得的各监测点速度值应随以上因素的不同而有所变化。

(2)结合以上振动监测数据及现场调研来看,因受隧道上方建筑物质量的差异性等不确定因素影响,本次爆破振动监测所计算出的安全临界距离有待进一步监测工作中验算和修正。

(3)随着隧道爆破施工的进行,建议定时开展实时跟踪振动监测工作,一方面可以监测地面运动速度值的变化,同时还可以对建筑物裂缝发展特征进行观察,避免疲劳效应对建筑物产生破坏,确保隧址区上方建筑物和人民群众的生命安全。

附录　震动波形曲线图

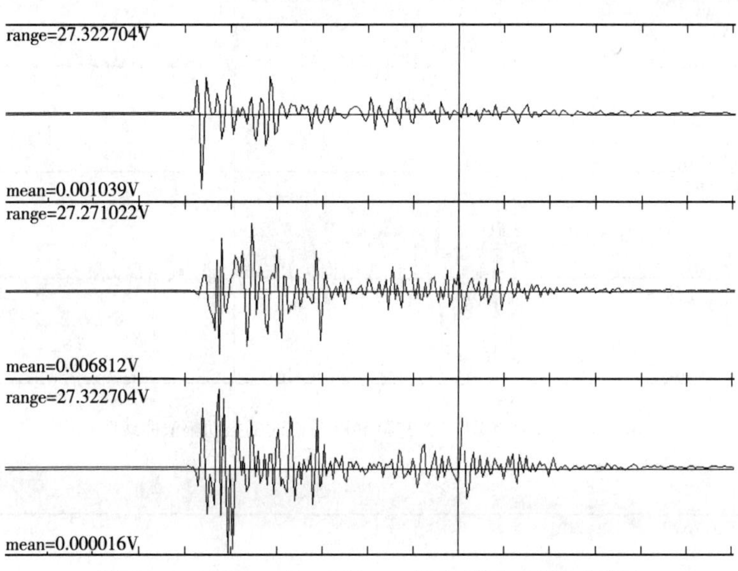

附图 1A　监测点 Z1 号在左洞 54kg 爆破时的振动幅值曲线图

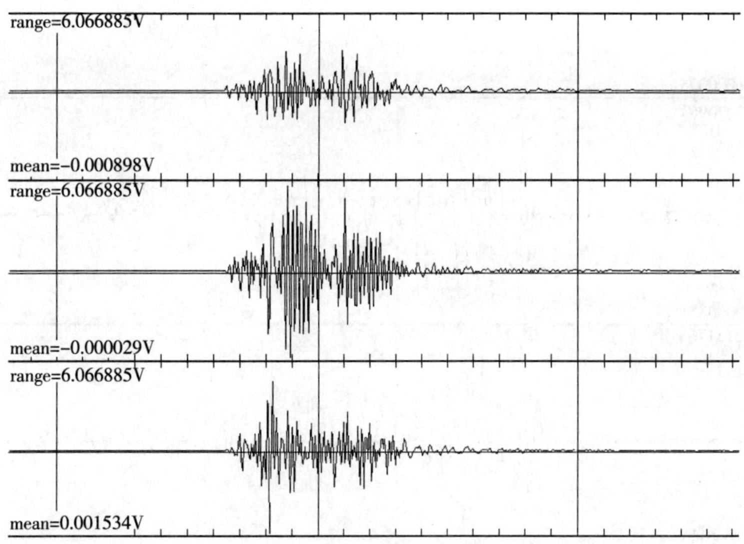

附图 1B　监测点 Z1 号在左洞 9kg 爆破时的振动幅值曲线图

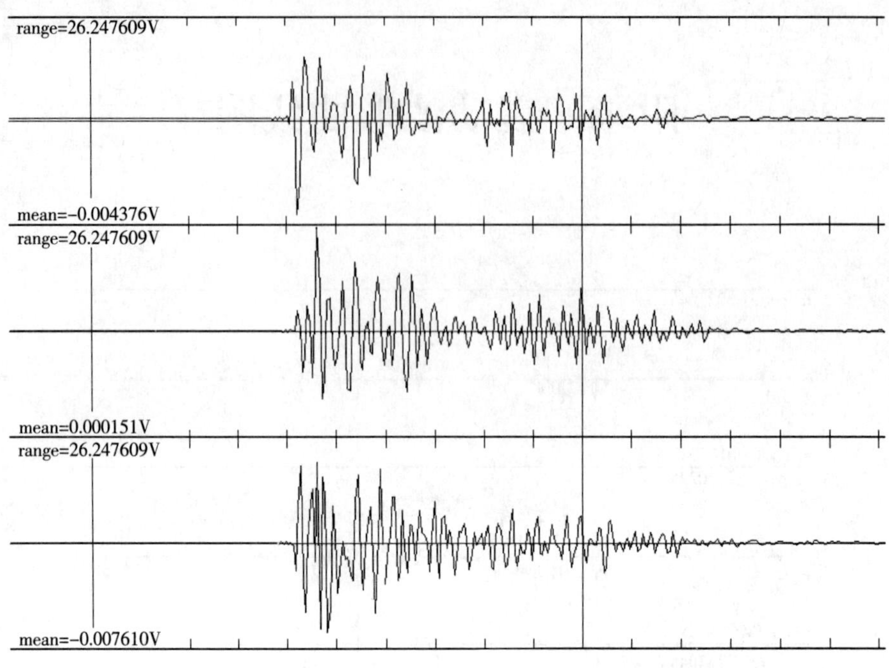

附图 2A　监测点 Z2 号在左洞 54kg 爆破时的振动幅值曲线图

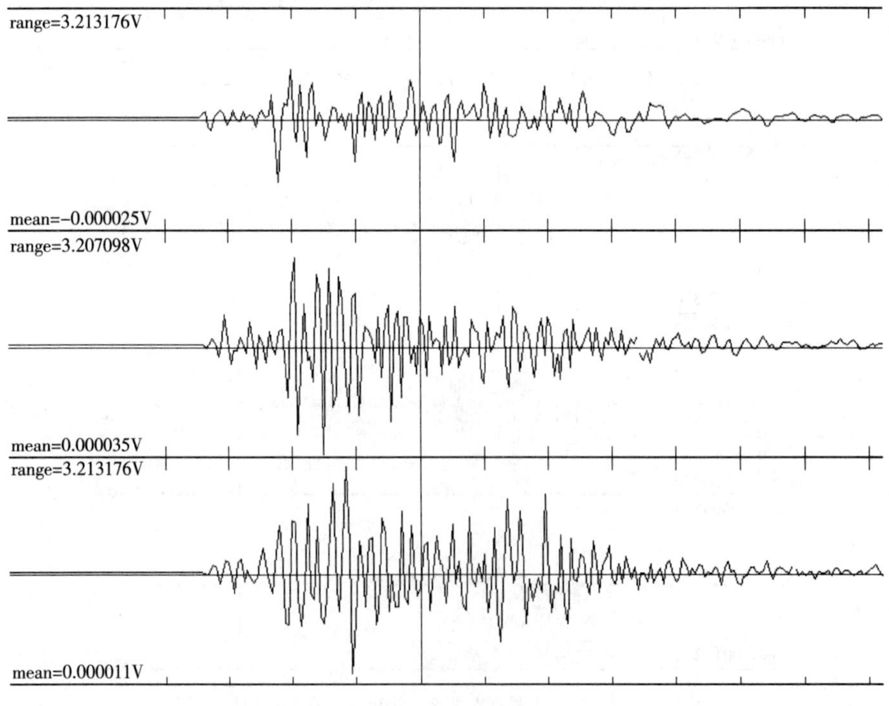

附图 2B　监测点 Z2 号在左洞 9kg 爆破时的振动幅值曲线图

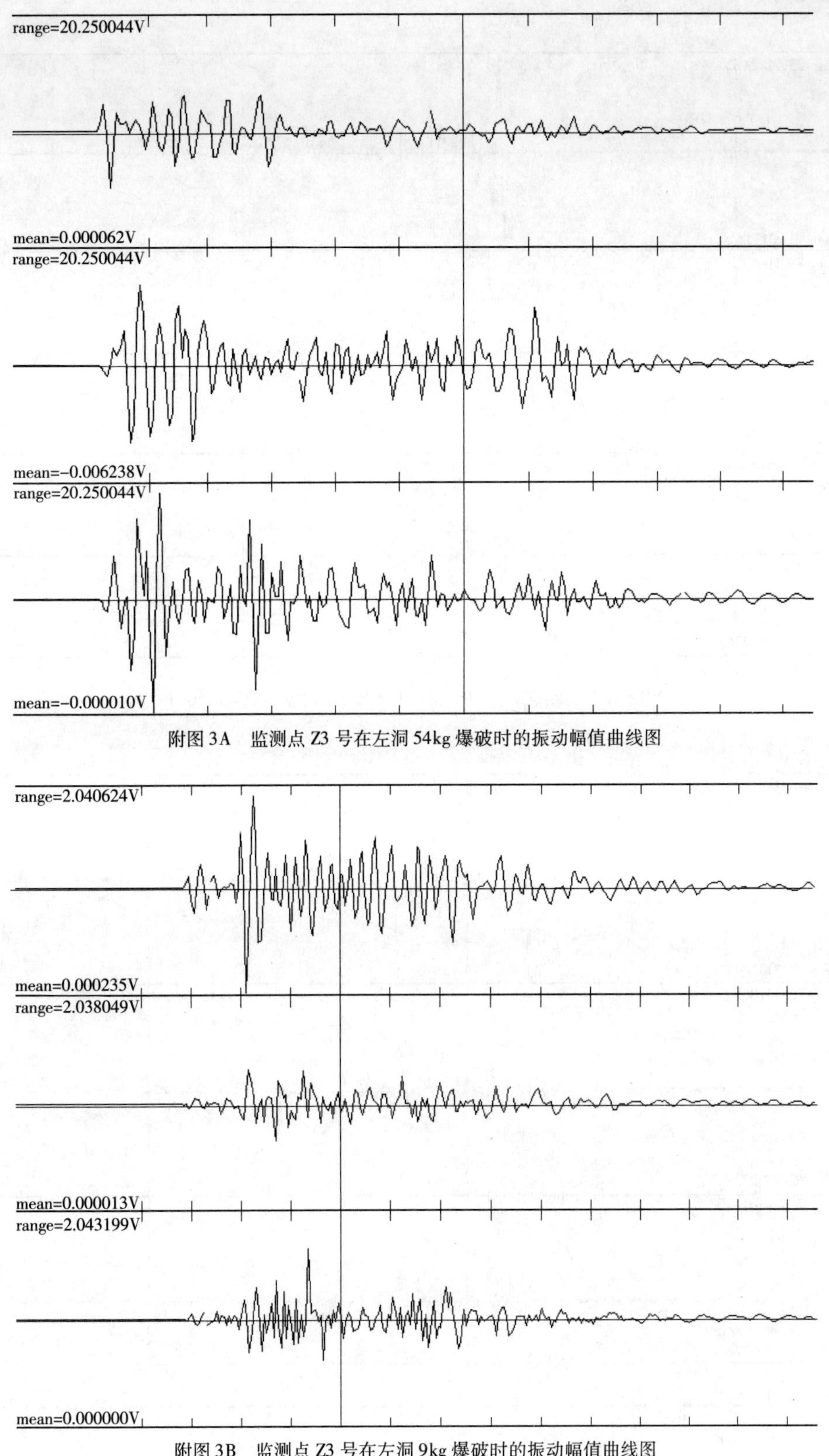

附图 3A 监测点 Z3 号在左洞 54kg 爆破时的振动幅值曲线图

附图 3B 监测点 Z3 号在左洞 9kg 爆破时的振动幅值曲线图

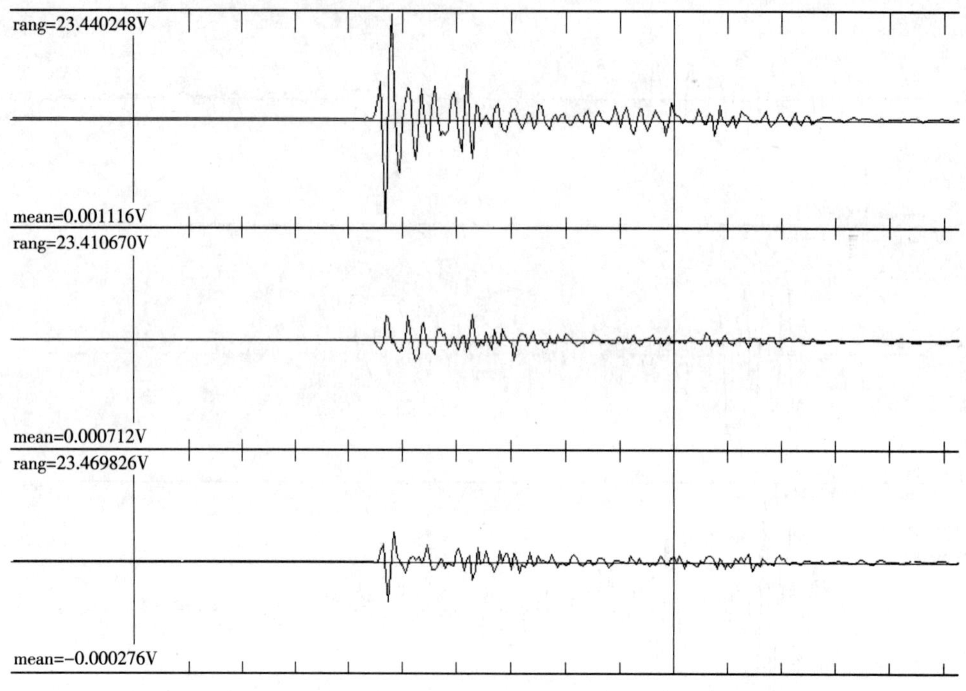

附图 4A　监测点 Z4 号在左洞 54kg 爆破时的振动幅值曲线图

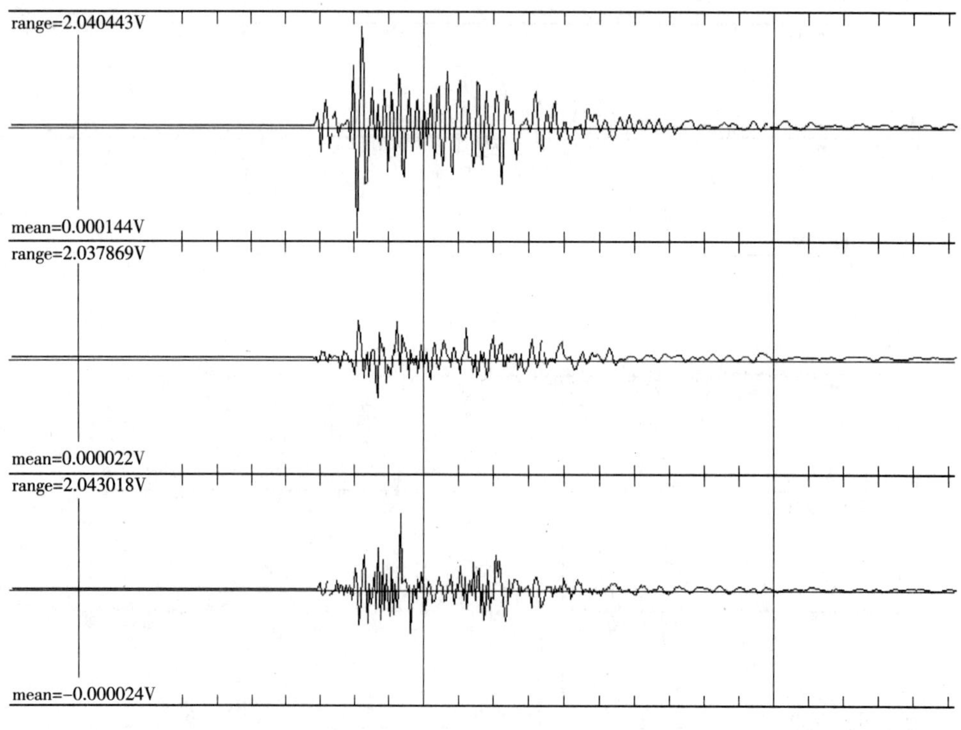

附图 4B　监测点 Z4 号在左洞 9kg 爆破时的振动幅值曲线图

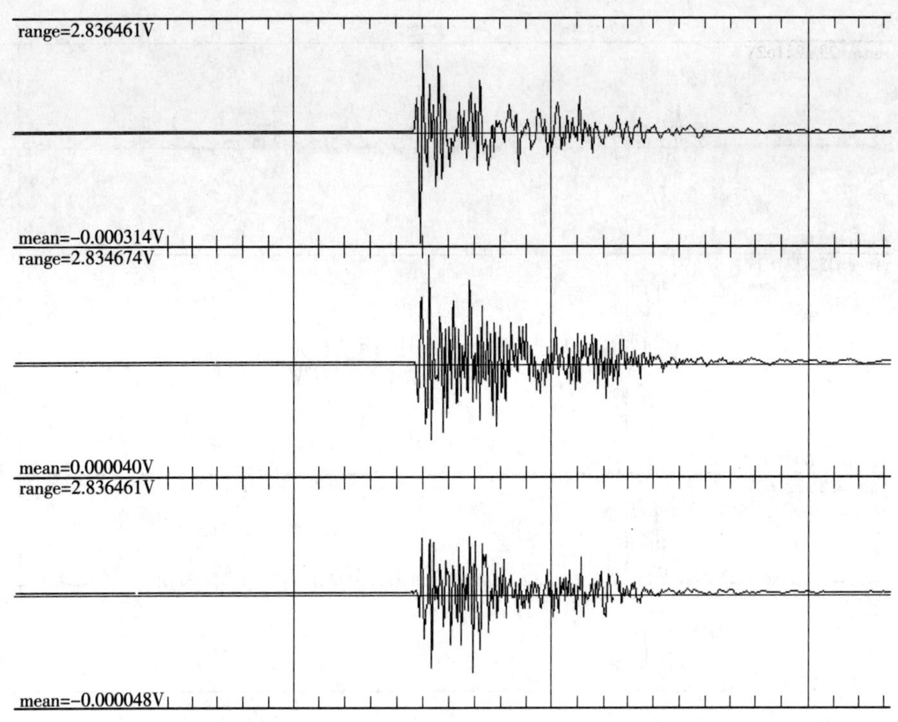

附图 5A　监测点 Z5 号在左洞 54kg 爆破时的振动幅值曲线图

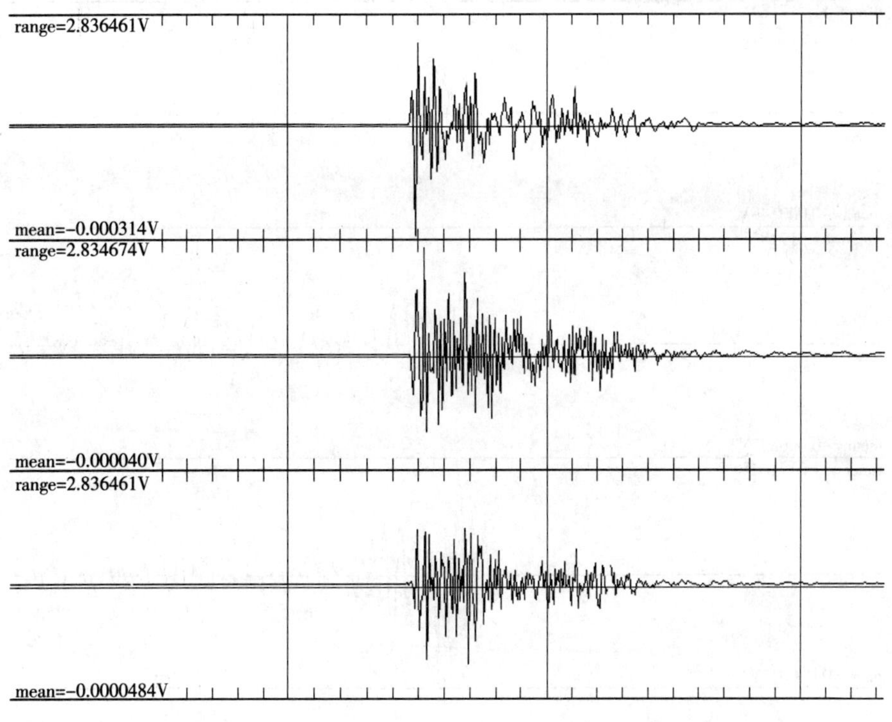

附图 5B　监测点 Z5 号在左洞 9kg 爆破时的振动幅值曲线图

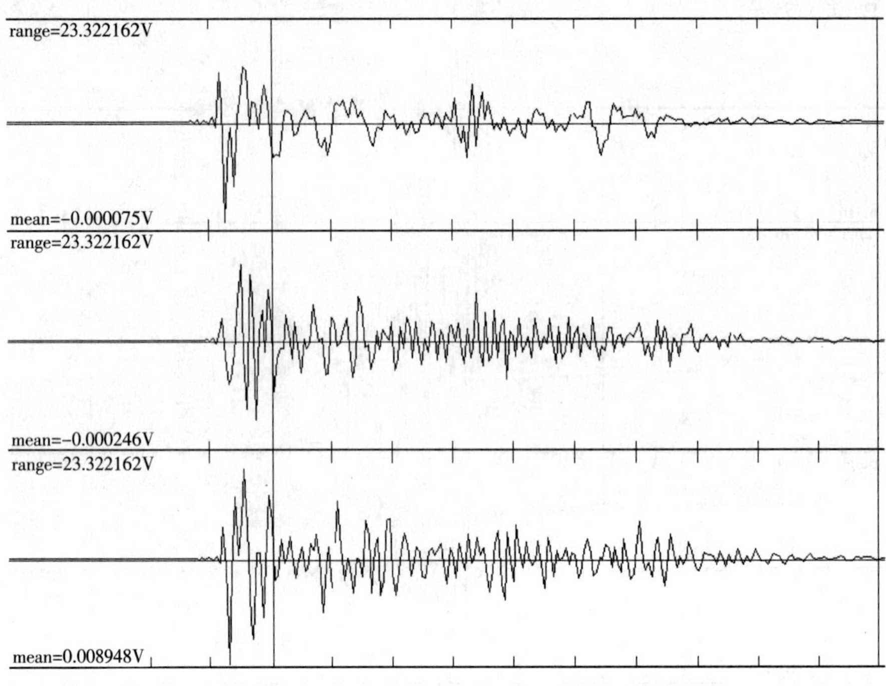

附图 6A　监测点 Y1 号在右洞 54kg 爆破时的振动幅值曲线图

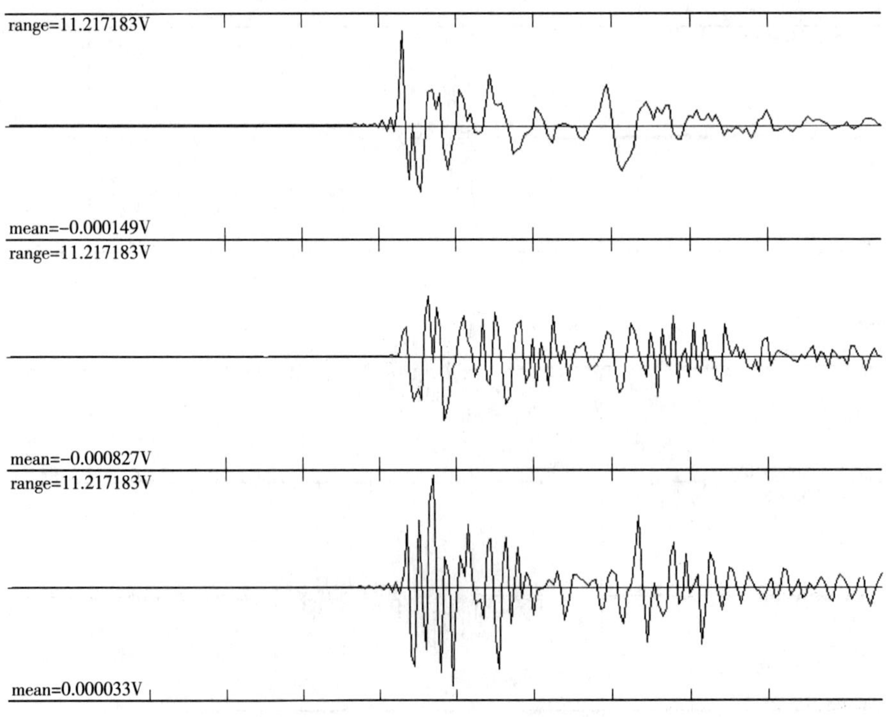

附图 6B　监测点 Y1 号在右洞 9kg 爆破时的振动幅值曲线图

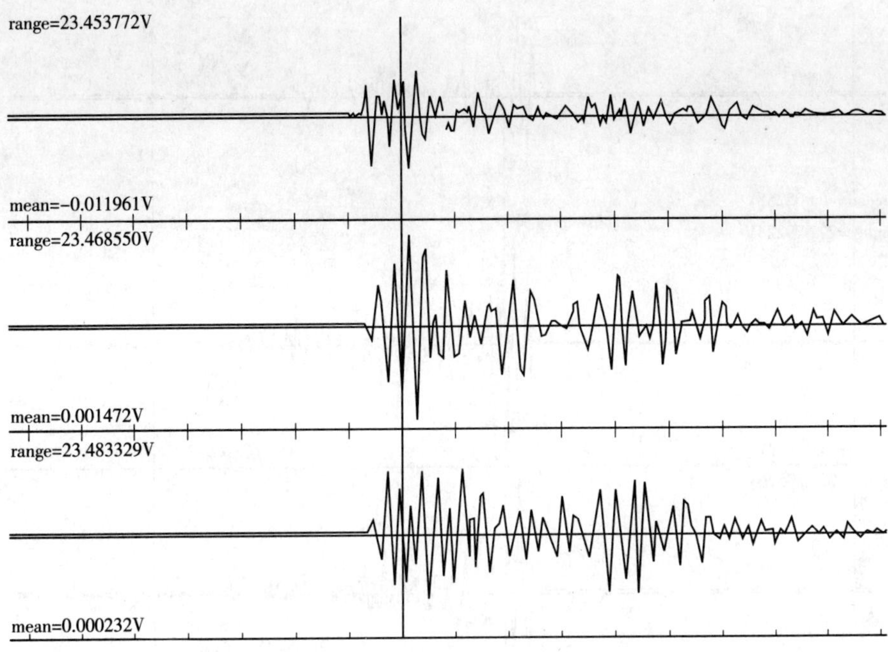

附图 7A　监测点 Y2 号在右洞 54kg 爆破时的振动幅值曲线图

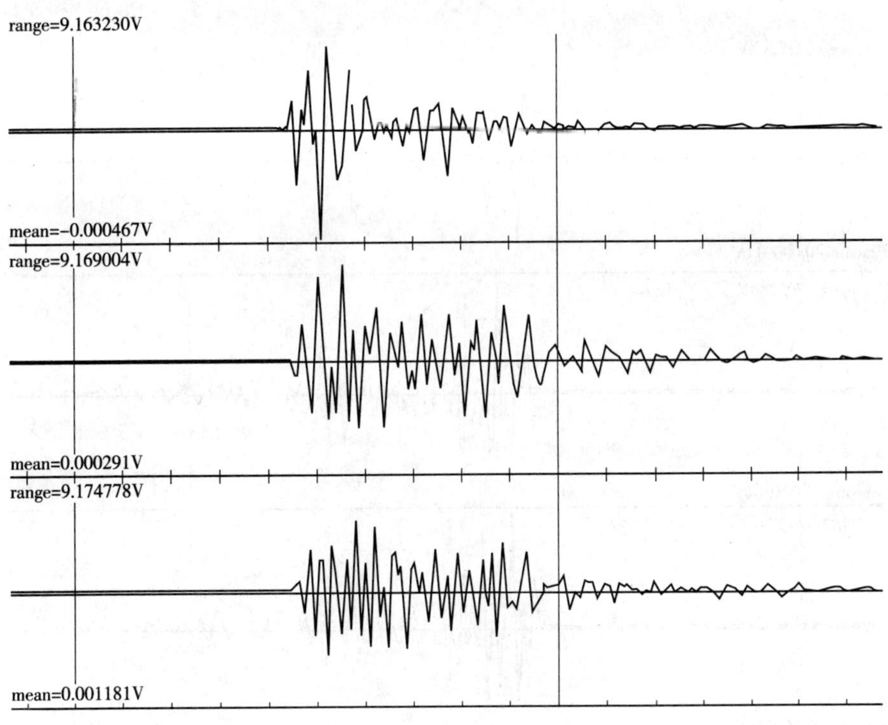

附图 7B　监测点 Y2 号在右洞 9kg 爆破时的振动幅值曲线图

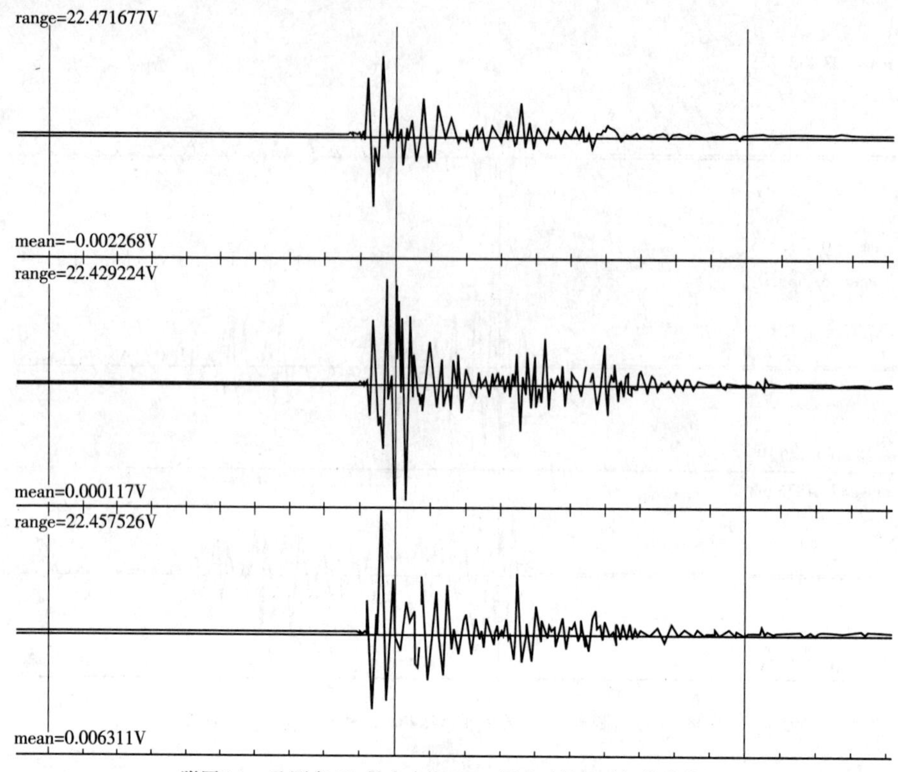

附图 8A 监测点 Y3 号在右洞 54kg 爆破时的振动幅值曲线图

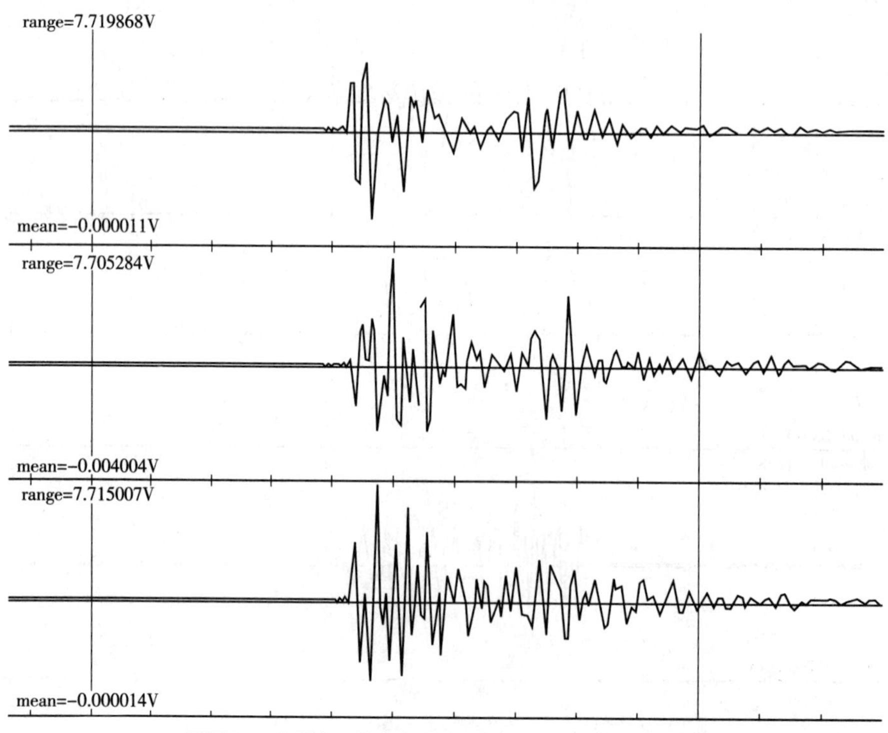

附图 8B 监测点 3 号在右洞 9kg 爆破时的振动幅值曲线图

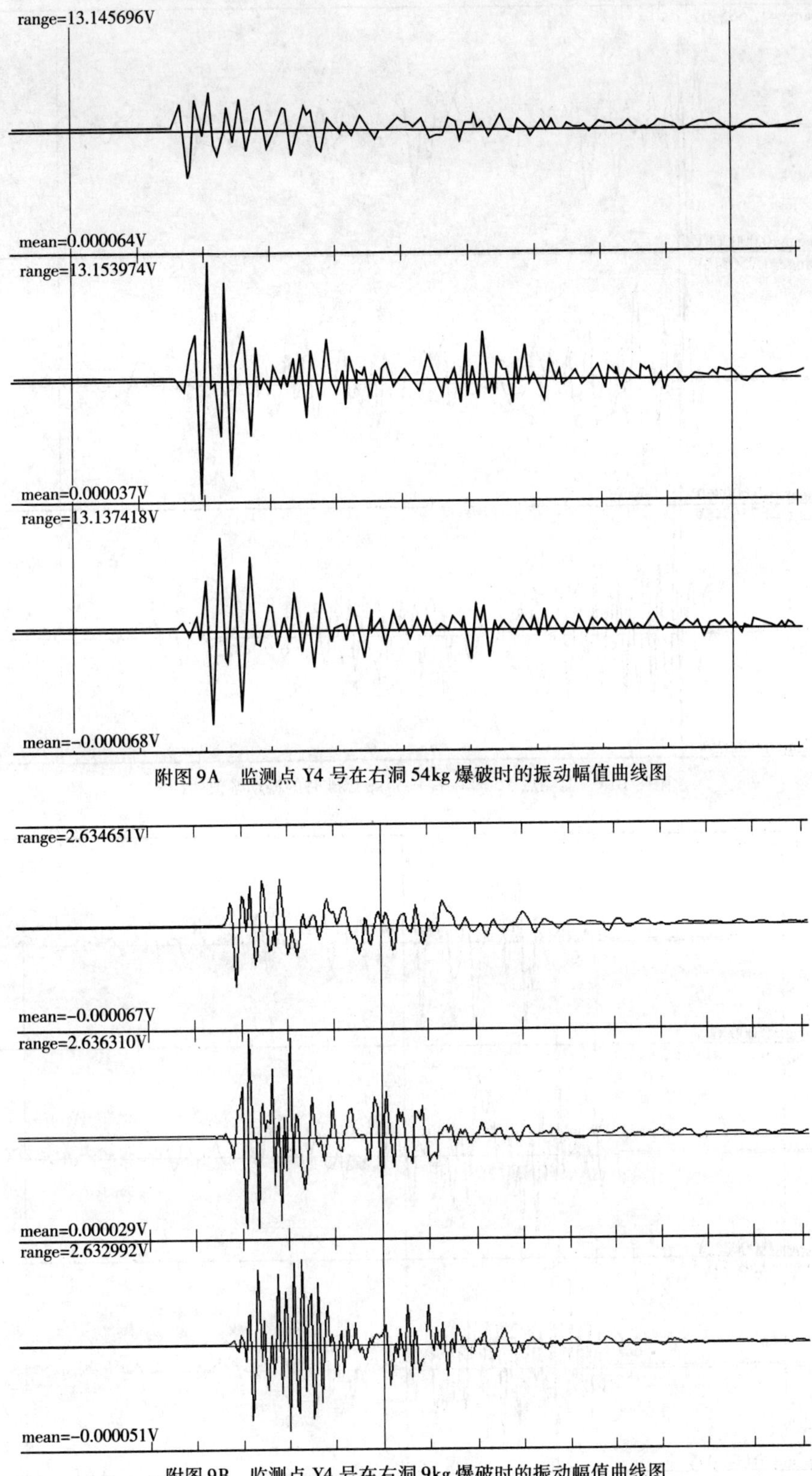

附图 9A　监测点 Y4 号在右洞 54kg 爆破时的振动幅值曲线图

附图 9B　监测点 Y4 号在右洞 9kg 爆破时的振动幅值曲线图

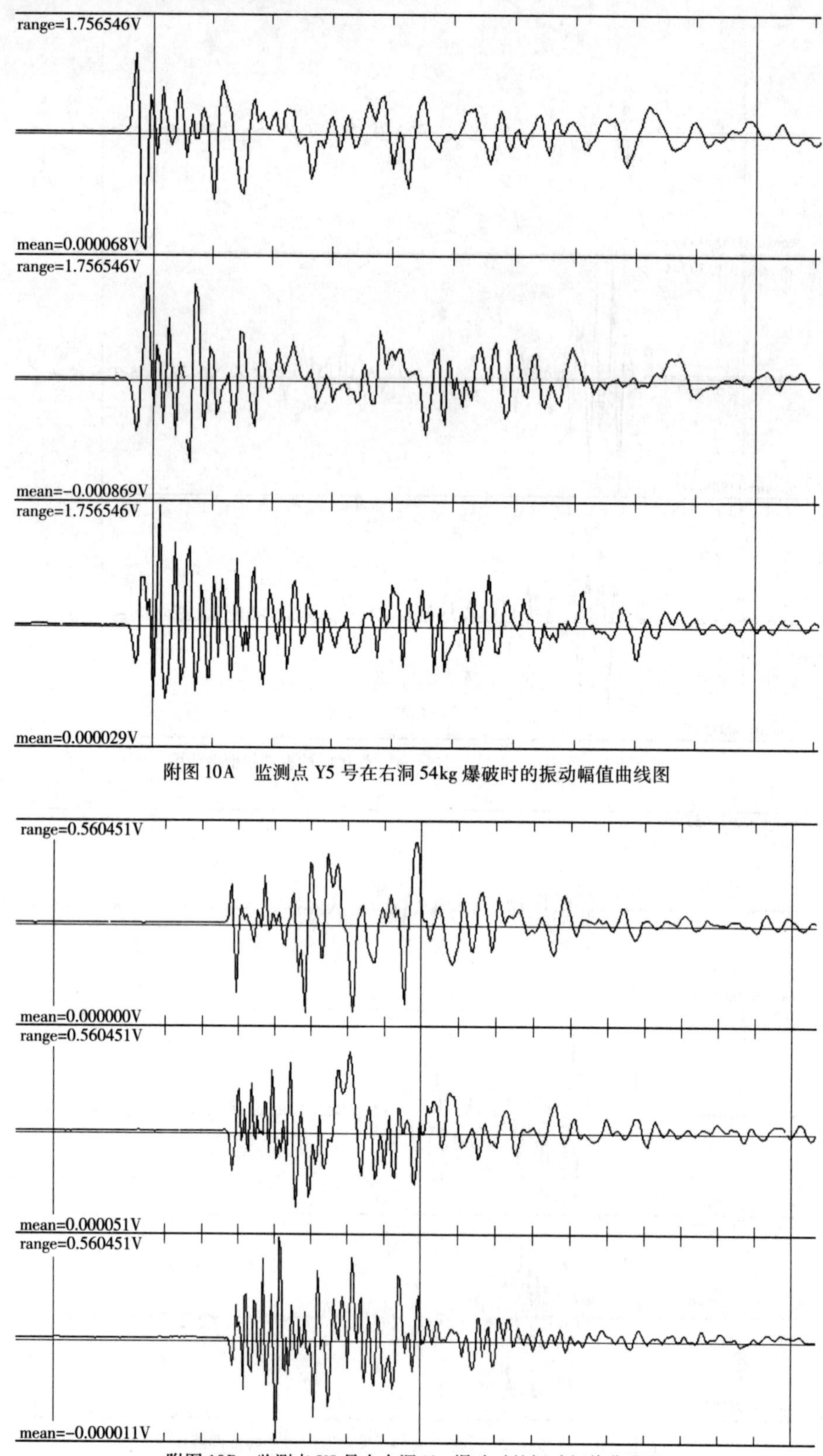

附图 10A　监测点 Y5 号在右洞 54kg 爆破时的振动幅值曲线图

附图 10B　监测点 Y5 号在右洞 9kg 爆破时的振动幅值曲线图

参考文献

[1] 张雪亮,黄树棠.爆破地震效应[M].北京:地震出版社,1981.
[2] 李冀棋,马素贞.爆炸力学[M].北京:科学出版社,1992.
[3] 王文龙.钻眼爆破[M].北京:煤炭工业出版社,1984.
[4] 张志呈.定向断裂控制爆破[M].重庆:重庆出版社,2000.
[5] 孟吉复,惠鸣斌.爆破测试技术[M].北京:冶金工业出版社,1992.
[6] J·亨利奇.爆炸动力学及其应用[M].北京:科学出版社,1987.
[7] 冯德益.地震波理论与应用[M].北京:地震出版社,1988.
[8] 吴立,等.爆破地震效应的实质及其安全距离和破坏标准[J].地质勘探安全,1999,(2):21~23.
[9] 翁春林,等.工程爆破[M].北京:冶金工业出版社,2004.
[10] 张奇,高金石.爆破理论与爆破优化.西安:西安地图出版社,1992.
[11] 孟复吉,惠鸿斌.爆破测试技术[M].北京:冶金工业出版社,1992.
[12] 杨善元.岩石爆破动力学基础[M].北京:煤炭工业出版社,1991.
[13] 宋守志.固体介质中的应力波[M].北京:煤炭工业出版社,198.
[14] 霍永基,王湘钧,费骥明.爆破地震效应及安全评定方法探讨.土岩爆破文集(第二集).1985:154~157.
[15] 钱胜国.工程结构的爆破地震力计算.土岩爆破文集(第二集).1985:271~277.
[16] 刘殿中.工程爆破实用手册[M].北京:冶金工业出版社,1999.
[17] 林秀英,张志呈.爆破地震波的频谱分析[J].中国矿业,2000,9(6):79~80.
[18] 李玉民,倪芝芳.地下工程开挖爆破的地面振动特征[J].岩石力学与工程学报,1997,16(3):277~278.
[19] 娄建武,龙源,方向,等.基于反应谱值分析的爆破震动破坏评估研究[J].爆炸与冲击,2003,23(1):41~46.
[20] 尚晓江,苏建宇,等.ANSYS/LS-DYNA 动力分析方法与工程实例[M].北京.北京水利水电出版社,2006.
[21] 孙钧,汪炳鉴.地下结构有限元解析[M].上海:上海同济大学出版社,1998.
[22] 许洪涛,卢文波.几种爆破震动安全判据[J].爆破,2002,19(1):8~9.
[23] 中华人民共和国国家标准.GB 6722—86 爆破安全规程[S].北京:中国标准出版社,1986.
[24] 中华人民共和国国家标准.GB 6722—2003 爆破安全规程[S].北京:中国标准出版社,2003.
[25] 赵新涛.爆破震动机理及爆破震动效应控制的研究[D].广西.广西大学硕士论文,2008.

[26] 张朝康. 软岩隧道爆破设计数值模拟及应用[D]. 成都. 四川大学工程硕士论文,2008.
[27] 杨军,陈鹏万,胡刚,等. 现代爆破技术[M]. 北京. 北京理工大学出版社,2004.
[28] 林大超,白春华. 爆炸地震效应[M]. 北京. 地质出版社,2007.
[29] 杨军,金乾坤,黄凤雷. 岩石爆破理论模型及数值计算[M]. 北京:科学出版社,1999.
[30] 言之信. 结构拆除及爆破震动效应研究[D]. 重庆. 重庆大学博士论文. 2002.
[31] 李杰,李国强. 地震工程学导论[M]. 北京:地震出版社,1992.
[32] 王清涛. 桩基应力波检测理论及工程应用[M]. 北京:地震出版社,1999.
[33] 马宏伟,吴斌. 弹性动力学及其数值方法[M]. 中国建材工业出版社,2000.
[34] 黄树棠,张雪亮. 爆破地震效应[M]. 北京:地震出版社,1981.
[35] 钱胜国. 爆破地震动速度位移激励结构动力响应分析方法[J]. 爆破,2000,17(增刊):28 ~ 33.
[36] 花刚. 爆破震动安全判据浅析[J]. 爆破,2004,21(2):98 ~ 100.
[37] 凌同华. 爆破震动效应及其灾害的主动控制[D]. 长沙:中南大学博士论文,2004:2 ~ 3.
[38] C·A·科泽列夫,等. 地下大爆破对地面建筑物的震动影响[J]. 国外金属矿山. 2000,2:31 ~ 35.
[39] 李端明,张志呈,肖正学. 爆破地震波的频率特性[J]. 西南工学院学报. 1998(3):43 ~ 48.
[40] 贾光辉,王志军,等. 爆破地震波对地下结构物的影响仿真研究[J]. 华北工学院学报. 2001(6):445 ~ 448.
[41] 曹孝君. 浅埋隧道爆破的地表震动效应的研究[D]. 西南交通大学博士论文,2006.
[42] 崔人麟,巩建军. 城市地铁的微振动爆破施工[J]. 隧道建设,2000(3):13 ~ 25.
[43] 刘招伟,方俊波. 复杂环境条件下地下工程微振爆破施工技术探讨[J]. 隧道建设,2003,23(4):5 ~ 7.
[44] 王延武,刘清泉,杨永琦,等. 地面与地下工程控制爆破[M]. 北京:煤炭工业出版社,1990.
[45] 蔺新丽,李媛媛. 爆破有害效应的控制措施综述[J]. 现代爆破理论与技术,2008,1:131 ~ 136.
[46] 郭汉乐,郭子庭. 爆破震动问题与精确爆破[J]. MiningMagazine,1988,2:118 ~ 119.
[47] 庙延钢. 我国工程爆破技术研究及应用进展[J]. 云南冶金,2002,3:4 ~ 9.
[48] 铁道部第四工程局控制爆破试验小组. 工程结构物拆除的控制爆破[J]. 土岩爆破文集,1980:153 ~ 158.
[49] 卢文波. 拆除爆破中裸露钢筋骨架的失稳模型[J]. 爆破,1992,2:31 ~ 35.
[50] 汪旭光,于亚伦. 21 世纪的拆除爆破技术[J]. 工程爆破,2001.6,1:32 ~ 35.
[51] 王中黔. 我国工程爆破的成就与技术创新发展战略闭. 中国工程爆破协会通讯,2000,11(4):1 ~ 5.
[52] 何军. 城市建(构)筑物控制拆除的国内外现状[J]. 工程爆破,1999,9:76 ~ 81.
[53] 赵福兴. 控制爆破工程学[M]. 西安:西安交通大学出版社,1988,2.
[54] 徐书雷. 浅述国内外拆除爆破现状[J]. 爆破,2003.6,02:20 ~ 23.
[55] 汪浩,徐建勇. 上海长征医院 16 层病房大楼爆破拆除[J]. 工程爆破,1999.12,04:30 ~ 35.

[56] 言志信,吴德伦. 低矮大直径低重心水塔的定向拆除[J]. 建筑技术,2001.6,11:744~745.

[57] 李秀丽. 爆破地震波作用下框架与地基基础协同工作体系的动力反应[D]. 武汉:武汉:理工大学,2004.

[58] 朱德达. 我国爆破地震效应的研究[J]. 长沙矿山研究院季刊,1988,01:39~45.

[59] 汪旭光,于亚伦. 关于爆破震动安全判据的几个问题[J]. 工程爆破,2001,02:88~91.

[60] 范磊,沈蔚. 爆破振动频谱特征实验研究[J]. 爆破,2001,18(4):8~20.